"领先一步学科学"系列

动物惊奇

主　　编　杨广军
副 主 编　朱焯炜　章振华　张兴娟
　　　　　胡　俊　黄晓春　徐永存
本 册 主 编　鲁家娟
本册副主编　宋微微　李玉刚

上海科学普及出版社

图书在版编目（CIP）数据

动物惊奇 / 杨广军主编.—上海：上海科学普及
出版社，2013.7(2018.4 重印)
（领先一步学科学）
ISBN 978-7-5427-5781-4

Ⅰ.①动… Ⅱ.①杨… Ⅲ.①动物–青年读物②动物
–少年读物 Ⅳ.①Q95-49

中国版本图书馆 CIP 数据核字(2013)第 107146 号

组　　稿　胡名正　徐丽萍
责任编辑　徐丽萍
统　　筹　刘湘雯

"领先一步学科学"系列
动物惊奇
主编　杨广军
副主编　朱焯炜　章振华　张兴娟
胡　俊　黄晓春　徐永存
本册主编　鲁家娟
本册副主编　宋微微　李玉刚
上海科学普及出版社出版发行
（上海中山北路 832 号　邮政编码 200070）
http://www.pspsh.com

各地新华书店经销　北京柯蓝博泰印务有限公司印刷
开本 787×1092　1/16　印张 13　字数 200 000
2013 年 7 月第 1 版　2018 年 4 月第 2 次印刷

ISBN 978-7-5427-5781-4　　定价：25.80 元

卷首语

  我们的生活，正因为它们的存在而生机勃勃，充满活力。它们，就是在生命旅途中与我们同行的动物。

  一提到生活中常见的动物，我们可能立刻就会想到顽皮的猴子、可爱的大象、憨憨的熊猫、俏皮的卷毛狗、凶猛的狮子和老虎、令人毛骨悚然的蛇和鳄鱼，以及各种美丽的飞鸟等等。

  现在就让我们一起走进本书，走进动物的世界，去领略、去认识在生命的旅途中与我们同行的各种动物吧……

目　录

·动物王国的大族·

种族繁盛遍全球——节肢动物 …………………………（3）
我柔软无骨——软体动物 ………………………………（8）
最原始的脊椎动物——鱼类 ……………………………（13）
最早登陆的水生脊椎动物——两栖类 …………………（19）
中生代的动物霸主——爬行类 …………………………（24）
始祖鸟的后代——鸟类 …………………………………（29）
最高级的脊椎动物——哺乳动物 ………………………（35）

·水中尽遨游·

最常见的观赏鱼——金鱼 ………………………………（43）
味美的淡水鱼——鲫鱼 …………………………………（48）
动物界寿星——龟 ………………………………………（53）
海洋霸王——鲨鱼 ………………………………………（60）

海洋我最大——鲸 …… (66)
最聪明的海洋生物——海豚 …… (71)
冷血杀手——鳄鱼 …… (77)

·空中齐翱翔·

鸟中诸葛——乌鸦 …… (85)
报喜之鸟——喜鹊 …… (90)
口技"达人"——鹦鹉 …… (95)
学舌模仿秀——八哥 …… (101)
春的使者——燕子 …… (106)
吃害虫大王——蜻蜓 …… (112)
花丛舞者——蝴蝶 …… (116)

·陆地任驰骋·

无足的爬行动物——蛇 …… (123)
陆上我最大——象 …… (129)
草原霸主——狮子 …… (134)
森林之王——老虎 …… (139)
运动全能——熊 …… (145)
吃竹子的国宝——大熊猫 …… (151)
人类的近亲——猴 …… (157)
人的好坐骑——马 …… (162)
吃草的劳作者——牛 …… (167)
我产羊毛——羊 …… (173)

目 录

驯化的野猪——猪 ……………………………………………（179）
老虎的弟弟——猫 ……………………………………………（185）
人类好朋友——狗 ……………………………………………（190）
嫦娥的伴侣——兔 ……………………………………………（196）

动物王国的大族

　　动物一词，我们似乎并不陌生，有家禽，鸡、鸭、鹅，有家畜，马、牛、羊、猪、狗等，动物园里还有狮子、老虎、大象，猴子，河里有鱼，草里有虫，每个人都能说出上述动物中的几种，或者更多种。正因为它们的存在，才使我们的大自然充满了勃勃生机。但是，你对这些动物有多少了解？这些动物可以分为几类？如何分类？分类的依据又是什么？这些动物有怎样的生活习性？它们适合生活在什么样的环境中？让我们带着这些问题来阅读吧！

动物王国的大族

种族繁盛遍全球
——节肢动物

当你品尝美味的海鲜虾和蟹的时候,你了解它们是属于什么动物吗?节肢动物是动物界中最庞大的家族,超过120万种,几乎占全部动物种数的85%,成员多种多样,形形色色。

节肢动物简介

▶顶盔戴甲的节肢动物

节肢动物也叫节足动物,是一类身体由很多结构各不相同、机能也不一样的环节组成的动物。通常可分为头、胸、腹3部分,但有些种类胸部和头部合在一起,也有些种类胸部和腹部没有分化,还有些种类全身合一,不分头、胸、腹。节肢动物身体表面有由几丁质生成的坚厚的外骨骼,一般每个体节上都有着一对分节的附肢,又叫节

▶甲虫

肢,节肢的运动极其灵活,主要用于爬行和游泳。节肢动物在动物界中的种类最多,占已知动物的85%,达120多万种,而且每一种的数目多得惊人,例如一个蜂群,总数可达5万多个。在节肢动物里,昆虫占其总数的80%,甲虫又占昆虫的87%。节肢动物身体的分化,以及身体变化的多样性,使它获得了高度的适应性,几乎在地球上任何空间都可以找到节肢动

3

动物惊奇

◆秘鲁巨人蜈蚣

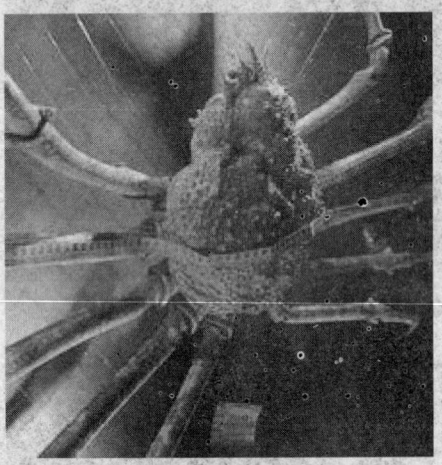

◆巨螯蟹

物。常见的有虾、蟹、蜈蚣、蜘蛛、蚂蚁、蜜蜂等等。

节肢动物在陆地、海水和淡水中都很常见。海水中小型甲壳动物是浮游动物的主要组成部分，为其他无脊椎动物、鱼和鲸的食物。陆地上昆虫占优势，作为益虫、害虫或给作物传粉。蜘蛛、蜱螨、蝎和其他蛛形类也生活在陆上。尽管发展了有效的杀虫药，昆虫和蜱螨仍在世界各地威胁人和动物的生活，传播疟疾、黄热病、立克次体病、鼠疫、丝虫病等，毁坏谷物、木材和食品。许多节肢动物是体内、体外的寄生虫。

节肢动物坚硬的外骨骼影响身体大小，只有水生种类能长得大一些，因为水能支持一部分体重。例如已灭绝的广鳍类长1.8米，现存的甲壳类有的更大，巨螯蟹可达6.4千克重，两钳展开相距3.8米。甲壳类外壳高度钙化使身体加重而有利于底栖生活。陆生种类不大，最大的昆虫和蜘蛛不超过100克重；最小的是某些寄生蜂和螨类，长不到0.25毫米，结构虽复杂，重量却小于一个大细胞的细胞核。深海蟹存在于超过4000米的深处，而跳虫（弹尾类）和跳蛛（蜘蛛类）见于埃佛勒斯峰6700米以上的高处。弹尾类和甲螨能在南极洲定居。

 讲解——节肢动物的主要特点

1. 虫体左右对称：躯体和附肢（如足、触角、触须等）既是分节，又是对称结构。

2. 体表骨骼化，由几丁质及醌单宁蛋白质组成的表皮，亦称外骨骼。外骨骼与肌肉相连，可作敏捷的动作。

3. 循环系统开放式，体腔称为血腔，含有无色或不同颜色的血淋巴。

4. 发育过程中大都有蜕皮和变态现象。

节肢动物的特征

节肢动物身体分区：有的分头和躯干部；有的分头、胸、腹3部；有的分头胸部（前体部）和腹部（后体部）。有的体节在胚胎发育时已合并。头胸部共同覆盖的外骨骼叫做背甲（头胸甲）。附肢的各部分排成一条直线的称单肢型，分叉的称双肢型。附肢变异为用于游泳、步行、呼吸、生殖，或作为感觉器和口器；蜘蛛的纺器也是腹部附肢变成的。昆虫的翅不像其他动物（鸟、蝙蝠、翼手龙、飞蛙、飞鱼）的翅那样由肢体变来。许多昆虫的两对翅能像一对翅那样动作。有的类群各侧的前、后翅有鬃或叶相连。有的昆虫一对翅不用于飞行，如双翅目的后翅退化为平衡棒，它有许多控制飞行的感觉器。

◆避日蛛

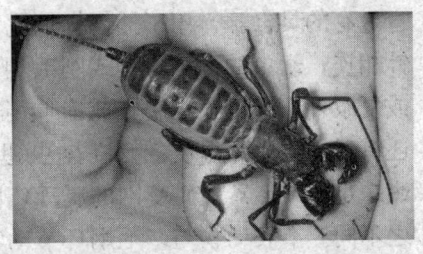
◆鞭蝎

◆毒蜘蛛

节肢动物绝大多数为雌雄异体。生殖孔的位置各类不同：蜈蚣和昆虫在靠近体的后部，甲壳类在胸部后端，马陆、烛、综合类在靠近头部，蛛形类在身体中部附近。精子通常在精荚内传给雌体。最简单的情况，蛛形

动物惊奇

类如避日蛛、节腹蛛和某些螨类的精荚是一个黏的精子团，雄体靠附肢（螯肢、触肢或足）的帮助而传送精荚。蝎、伪蝎、无鞭蝎、有鞭蝎、裂盾蛛和某些螨类的精荚结构复杂、棒状。交配时有婚舞，雄体将精荚固着在地上，并使雌体来到放置精荚的地方，精子得以进入雌体生殖孔内。蜘蛛靠触肢器传送；节腹类的第3对步足的跗节和后跗节改变也具有同样的功能。也有的营孤雌生殖、卵胎生或多胚生殖（一个受精卵形成几个胚胎）。

大多数甲壳类和许多多足类的胚胎的体节数少于成体。相反，许多有螯类在胚胎发育时形成许多节。有的类群直接发育，有的孵出时为幼虫，不同类群的幼虫也有不同。激素控制体色的变化、生长、蜕皮、变态和发育。有的具毒腺，用于捕食、消化。在某些膜翅类中，毒腺与产卵器或螯针相连；幼虫的毒腺与刺或刚毛相连。有的腺体产生难闻的气味。除单眼或复眼外，还有触觉毛，或有嗅觉、味觉、听觉和感受内部刺激的感官，还有感受湿度和温度的。在昆虫翅的附近有测定表皮张力的钟形感受器。蜘蛛足的琴形器能感受网的震动，区别雄蛛在网上弹丝和猎物在网上挣扎之不同。节肢动物与多毛纲环节动物有许多相似点，一般认为这两类是由共同祖先演化而来的。

 知识广播

节肢动物门种类繁多，从深海到高山均有分布，有的甚至出现了可以飞翔的翅，是无脊椎动物中唯一真正适应陆地生活的。目前已知的节肢动物超过120万种，大约占动物界已知总数量的85%。比较常见的有各种虾、蟹等水生的节肢动物，也有蜘蛛、蜈蚣、昆虫等陆生的种类。节肢动物是一种长形、扁平、一段一段的、以腐肉为食的动物，其每一段有两只脚。演化于希留利亚纪，当时演化的节肢生物仍存活在今日。

节肢动物的分类

对于节肢动物分类系统存在不同意见，对纲以上的高级分类阶元，各学者的意见大相径庭。根据体节的组合、附肢以及呼吸器官等暂将现存种

动物王国的大族

类分为下列二亚门共六纲：

1. 原节肢动物亚门

原节肢动物亚门：体不分节，仅表面有环纹，附肢也不分节，只有一纲。

（1）有爪纲也称原气管纲，如柞蚕等。

2. 真节肢动物亚门

真节肢动物亚门：体分节，附肢也分节，共5纲。

（1）肢口纲：体分头脑部和腹部。头脑部有6对附肢，即一对螯肢和5对步足；无触角。腹肢7对。用鳃呼吸，如鲎等。

（2）蛛形纲：体分头胸部和腹部。头胸部有6对附肢，即一对螯肢、一对脚须（触肢）和4对步足；无触角。腹肢几乎完全退化。用书肺和气管呼吸，如各种蜘蛛等。

（3）甲壳纲：体常分头胸部和腹部。头胸部有13对附肢，即5对头肢和8对胸肢。5对头肢包括2对触角、1对大颚和2对小颚。8对胸肢中前几对为颚足，其余为步足。腹肢有或无。用鳃呼吸，如各种虾和蟹等。

（4）多足纲：体分头部和躯干部。头部有3～4对附肢，即一对触角、一对大颚，和1～2对小颚。躯干部有多对步足，每一体节1～2对。用气管呼吸，如蜈蚣等。

（5）昆虫纲：体分头、胸、腹3部。头部有4对附肢，包括一对触角、一对大颚、一对小颚以及一对左右合为一片的下唇。胸部有3对步足。腹部附肢几乎完全退化，如各种蚊和蝇等。

有学者将节肢动物门分4个亚门：已灭绝的三叶动物亚门、现存的螯肢动物亚门、甲壳动物亚门和单枝动物亚门，下分19纲，如三叶虫纲（以寒武纪、奥陶纪最盛）、甲壳纲、肢口纲（即腿口纲）、蛛形纲（化石不多）、原气管纲、多足纲（化石不多）及昆虫纲等。尤以古生代的三叶虫最为重要。

 动物惊奇

我柔软无骨
——软体动物

软体动物大多体外有坚硬的壳，例如蜗牛，移动一下可以随处搬家。这个房子与生俱来，终生可以居住。因种类不同，房型不同，样色也各不相同。它们经常出现在我们的餐桌上，成为人们的美味佳肴，它们的外壳被雕刻成精美的艺术品，非常美观。

◆软体动物——螺

软体动物概述

◆乌贼

软体动物体型的差异很大，但有共同的特征：体柔软而不分节，一般分头、足（有的头退化或消失；足肌肉质）和内脏—外套膜（由背侧的内脏团、外套膜及外套腔组成）两部分。背侧皮肤褶襞向下延伸成外套膜，外套膜分泌包在体外的石灰质壳（有的退化成内壳或无壳），无真正的内骨骼。体内有一血腔（即一系列扩张的静脉窦）。血腔血功能如液体骨骼，用以维持身体的紧张度，血内含少量星形或阿米巴形细胞，血液中含血蓝蛋白（腹足纲及头足纲）。真正的体腔退化为生殖腔和围心腔。口的肌肉含肌红蛋白，口内有齿舌，齿舌是多数软体

动物王国的大族

动物特有的器官，由多列角质齿板组成，形似锉刀，用于帮助摄食，常有大型消化腺体。体表一般有黏液，有栉鳃，表面具纤毛，用以激动水流（在双壳类有助于滤食水中食物颗粒）。排泄器官为肾，海生种类排泄氨或尿素，陆生腹足类排尿酸。雌雄同体或异体，头足纲及部分腹足纲体外受精，雌雄同体者则异体受精。有数对神经节。最大的软体动物大王乌贼腕展开达12米，最小的是仅长1厘米的螺类。软体动物分布于各种生境，如海水、淡水、陆地（尤其是林地，甚至干燥地区）。许多水生种类，尤其是蛤、牡蛎、扇贝和贻贝都可供食用，可进行捕捞或养殖。陆生的大蜗牛在欧洲用作佳肴。许多贝壳或珍珠可用作装饰品，船蛆等则危害码头和木船。有些淡水螺是寄生蠕虫的中间宿主。

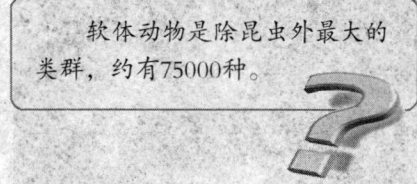

软体动物是除昆虫外最大的类群，约有75000种。

软体动物的起源

人们推测原软体动物出现在前寒武纪，生活在浅海，身体呈卵圆形，体长不超过1厘米，两侧对称，头位于前端、具一对触角，触角基部有眼。身体腹面扁平，富有肌肉质，形成适合于爬行的足。身体背面覆盖有一盾形外凸的贝壳，保护着整个身体。贝壳最初可能仅由角蛋白形成，称为贝壳素，以后在贝壳素上沉积碳酸钙，增加了它的硬度。贝壳下面是由体壁向腹面延伸形成的双层细胞结构的膜，称外套膜，它具有很强的分泌能力，贝壳即由外套膜所形成。外套膜下遮盖着内脏囊，身体后端、足的上方与内脏囊之间出现了一个空腔，即为外套腔，它与外界相通。外套腔中有许多对进行呼吸作用的鳃，以及后肾、肛门、生殖孔的开口。

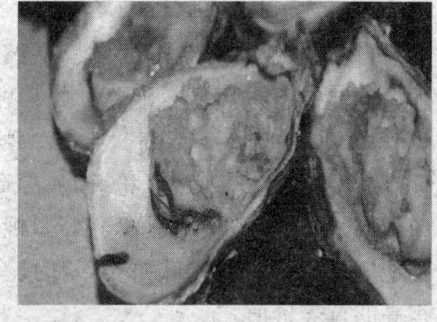

◆牡蛎

原软体动物鳃的结构可能相似于现存腹足类的鳃，它是由一个长的鳃

动物惊奇

◆贝壳

轴向两侧交替伸出三角形的鳃丝所组成,这种鳃称为栉鳃。鳃轴是由外套膜或体壁向外伸出,其中包含有血管、肌肉和神经,鳃丝的前缘(即腹缘)具有几丁质的骨棒支持,以增加鳃的硬度。鳃在外套腔的两侧分别由背、腹膜固定了位置,因此鳃将外套腔分成了上室、下室。水由外套腔后端的下室流入,经鳃丝表面及上室流出外套腔,鳃丝前缘及表面满布纤毛,由纤毛的摆动造成水在外套腔中的流动。鳃轴上具有两条血管,背面的为入鳃血管,腹缘的为出鳃血管,血液由入鳃血管流向出鳃血管,也由鳃丝表面的微血管直接由背缘流向腹缘,这样血流的方向正好与鳃表面的水流方向相反,可以更有效地进行气体交换。

软体动物的利用价值

1. 食用价值:海产的鲍、玉螺、香螺、红螺、东风螺、泥螺、蚶、贻贝、扇贝、江珧、牡蛎、文蛤、蛤仔、蛤蜊、蛏、乌贼、枪乌贼、章鱼,淡水产的田螺、螺蛳、蚌、蚬,陆地栖息的蜗牛等肉味鲜美,都具有很高的营养价值。

2. 药用价值:鲍的贝壳(中药称石决明),乌贼的贝壳叫海螵蛸,以及蚶、牡蛎、文蛤、青蛤等的贝壳等都是中药的常用药材。从鲍鱼、凤螺、海蜗牛、蛤、牡蛎、乌贼等软体动物身上可以提取抗生素和抗肿瘤药物。

3. 农业价值:产量多的小型软体动物可以做农田肥料或饲料,河蚬可

◆玉螺

动物王国的大族

以饲养淡水鱼类。

4. 工业用途：软体动物的贝壳是烧石灰的良好原料。珍珠层较厚的贝壳（如蚌、马蹄螺等）是制纽扣的原料。

5. 工艺用或装饰：很多贝类的贝壳有独特的形状和花纹，富有光泽，绚丽多彩，是古今中外人士喜欢搜集的玩赏品。

6. 地质价值：软体动物门在地质历史时期中有很多可作为指示沉积环境的指相化石。在世界和中国寒武系的最底部，已有单板纲和其他软体动物化石出现，中生界的不少菊石成为洲际范围内划分、对比地层带的化石，有些可用于了解古水域温度和含盐度等；蜗牛化石能反映第四纪气候环境。

◆蜗牛化石

◆蛞蝓

 链接——软体动物的危害

　　软体动物也有许多种类危害人类，常造成经济上的损失，陆生的蜗牛、蛞蝓等吃植物的叶、芽，危害蔬菜、果树、烟草等；海洋中的一些肉食性种类，能杀害牡蛎、泥蚶等的幼苗，造成养殖双壳类的损失；一些草食性种类常吃海带、紫菜的幼苗，是藻类养殖的敌害，给人类经济上造成损失。在淡水和陆生的软体动物中，椎实螺是肝片吸虫的中间宿主，豆螺是中华分枝睾吸虫的中间宿主，扁卷螺是姜片虫的中间宿主，短沟蜷是肺吸虫的中间宿主，钉螺是日本血吸虫的中间宿主，对人类的危害十分严重。海洋中的船蛆、海笋等是专门穿凿木材或岩石穴居的种类，对于海洋中的木船、木桩和海港的木、石建筑都有危害。营附着或固着生活的种类常大量附着在船底，影响船只的航行速度。有些附着生活的种类，

动物惊奇

可以堵塞水管，影响生产。

讲解——软体动物与节肢动物的壳的区别

第一，软体动物的贝壳是由外套分泌的石灰质所形成的，除连接处没有关节，其终生不会蜕壳。节肢动物的体外覆盖着几丁质的外骨骼，又称表皮或角质层，在相邻体节之间的关节膜上，角质层非常薄，易于屈折活动，附肢的关节也可活动，节肢动物在生长过程中要定期蜕皮。

第二，软体动物是身体柔软的一类无脊椎动物。软体动物一般具有左右对称的体型，但某些软体动物由于身体扭转而出现各种奇特的形状。它们常常有一个外壳，没有体节，大多可分为头、足、内脏囊3部分。外层皮肤从背部折皱成一层皮膜，叫做外套。外套把身体包围起来，并分泌出石灰质。

节肢动物由一列体节构成，异律分节，可分为头、胸、腹3部，或头部与胸部愈合为头胸部，或胸部与腹部愈合为躯干部，每一体节上有一对分节的附肢，附肢有双枝型和单枝型两类。水生种类的呼吸器官为鳃或书鳃，陆生的为气管或书肺或两者兼有。原始的节肢动物靠体表交换气体。循环系统为开管式，神经系统为集中型链状神经系统。有触觉、味觉、嗅觉、听觉、平衡和视觉等感觉器官。眼有单眼和复眼两种，复眼由多个小眼组成，能感知外界物体的运动和形状，能适应光线强弱和辨别颜色。

动物王国的大族

最原始的脊椎动物——鱼类

鱼类是最古老的脊椎动物,它们是水中的精灵,几乎栖居在地球上所有的水生环境:从淡水的湖泊、河流到咸水的大海、大洋。鱼类是终生生活在水中,用鳃呼吸,用鳍辅助身体平衡与运动的变温脊椎动物。已探明的鱼类近2万种,是脊椎动物亚门中最原始最低级的一群。鱼肉富含动物蛋白质和磷质等,营养丰富,滋味鲜美,易被人体消化吸收,对人类体力和智力的发展具有重大作用。

◆鱼类

鱼类简介

鱼类终生生活在海水或淡水中,大多具有适合游泳的体型和鳍。用鳃呼吸,以上下颌捕食。出现了能跳动的心脏分为一心房和一心室。血液循环为单循环。脊椎和头部的出现,使鱼纲发展进化成最能适应水中生活的一类脊椎动物。这是因为水有深浅之分,各处所承受的压力有差异,海平面为1个大气压,而深海区可达1000个大气

◆大鲇鱼你见过吗?

"领先一步学科学"系列

13

压。从淡水到咸水盐的含量幅度是0.001％～7％。此外，随地理环境的不同，水温差和含氧量的差别也很大。由于这些水域、水层、水质及水里的生物因子和非生物因子等水环境的多样性，故鱼类的体态结构为适应外界不同环境产生了不同的变化。

鱼类主要特征

◆鲨鱼

◆胭脂鱼

外形 无论哪一种体型的鱼，均可分为头、躯干和尾三部分。无颈为其特点，头和躯干相互联结固定不动，是鱼类和陆生脊椎动物的区别之一，头和躯干的分界线是鳃盖的后缘（硬骨鱼类）或最后一对鳃裂（软骨鱼类）。躯干和尾部一般以肛门后缘或臀鳍的起点为分界线，准确地讲，是以体腔末端或最前一枚尾椎椎体为界。

纺锤形：也称基本型是一般鱼类的体形，适合在水中游泳，整个身体呈纺锤形而稍扁。在三个体轴中，头尾轴最长，背腹轴次之，左右轴最短，使整个身体呈流线型或稍侧扁，以利于水中运动前进时减小阻力，故这类鱼善于游泳。常栖息于水的中、上层，可作长途迁移，如鲤鱼、草鱼、鲨鱼、鲥鱼等。

侧扁型：这类鱼的三个体轴中，左右轴最短，头尾轴和背腹轴的比例差得不太多，形成左右两侧对称的扁平形，使整个体形显得扁宽，因此，游泳的能力较纺锤形差，生活在水的中、下层，很少作长途迁移，如鲳鱼、蝴蝶鱼、鳊鱼、胭脂鱼、燕鱼等。

平扁型：这类鱼的三个体轴中，左右轴特别长，背腹轴很短，使体型呈上下扁平，行动迟缓，不如前两型灵活，多营底栖生活，例如：𫚉、鳐、鮟鱇和鮣等。

棍棒型：又称鳗鱼型这类鱼头尾轴特别长，而左右轴和背腹轴几乎相等，都很短，使整个体形呈棍棒状，其游泳能力较侧扁型和平扁型强，适于在水底泥土中穴居和水底砂石中生活，如黄鳝、鳗鲡及多种海鳗。

运动 鱼类的附肢为鳍，是游泳和维持身体平衡的运动器官。鳍由支鳍担骨和鳍条组成，鳍条分为两种类型，一种鳍条不分节，也不分枝，由表皮衍生而来，见于软骨鱼类；另一种是鳞质鳍条或称骨质鳍条，由鳞片衍生而来，有分节、分枝或不分枝，见于硬骨鱼类。鳍条间以薄的鳍条相联。骨质鳍条分鳍棘和软条两种类型：鳍棘由一种鳍条变形形成，是既不分支也不分节的硬棘，为高等鱼类所具有；软条柔软有节，其远端分支（叫分支鳍条）或不分支（叫不分支鳍条），都由左右两半合并而成。鱼鳍分为奇鳍和偶鳍两类：偶鳍为成对的鳍，包括胸鳍和腹鳍各1对，相当于陆生脊椎动物的前后肢；奇鳍为不成对的鳍，包括背鳍、尾鳍、臀鳍（肛鳍）。

◆鲀或河豚

◆鳍条和鳍棘

◆赫哲族鱼皮制作技艺

动物惊奇

皮肤及衍生物 鱼类的皮肤由表皮和真皮组成，表皮甚薄，由数层上皮细胞和生发层组成，表皮中富有单细胞的黏液腺，能不断分泌黏滑的液体，使体表形成黏液层，润滑和保护鱼体，如减少皮肤的摩擦阻力，提高运动能力，清除附着在鱼体的细菌和污物。同时，使体表滑溜易逃脱敌害。所以，表皮润滑对鱼类的生活及生存都有着重要意义。表皮下是真皮层，内部除分布有丰富的血管、神经、皮肤感受器和结缔组织外，真皮深层和鳞片中还有色素细胞、光彩细胞，以及脂肪细胞。

◆鱼骨

骨骼 鱼类的骨骼按性质分软骨和硬骨两类。软骨鱼类终生保持软骨，软质中因有石灰质的沉淀物，又叫钙化软骨。硬骨鱼的骨骼主要为硬骨，按照形式不同又分为软化硬骨和膜骨两种：在软骨的原基上骨化形成的硬骨就是软化硬骨，如脊椎骨、耳骨、枕骨等；由真皮和结缔组织直接骨化形成的硬骨叫膜骨，如额骨、顶骨、鳃盖骨等。

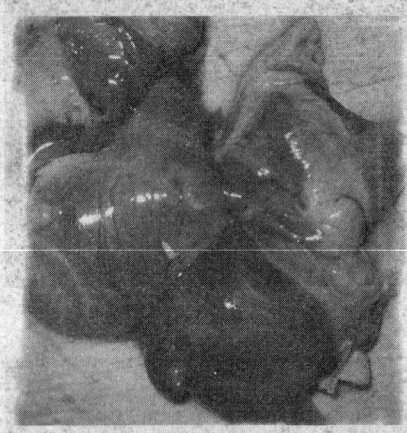
◆鱼胆

消化 鱼类的消化系统由消化道和消化腺组成，消化道已有胃肠的分化，还有明显的胰腺。鱼类由于终生生活在水中，故消化器官和食性都适应水中生活。口位于上、下颌之间，口内无唾液腺，鱼类的口咽腔内有真正的牙齿，能积极主动地摄取和捕食，较圆口纲更高级。鱼类的牙齿和

◆鱼鳃

动物王国的大族

鳃耙的形态、着生部位及数目等,常作为鱼分类的依据之一。

呼吸 在脊椎动物中,只有鱼类和圆口纲是终生用鳃呼吸的水生动物,但鱼类的鳃是由外胚层形成,圆口类的鳃起源于内胚层。鱼类一般具有5对鳃弓(少数鱼有6~7对),在咽部两侧各有5个鳃裂。鳃主要由鳃弓、鳃隔、鳃瓣等几部分组成。鳃弓起支持作用,它的内侧缘着生鳃耙,进出鳃的血管都从鳃弓上通过,鳃弓的外侧缘是鳃隔,鳃隔前后突起形成鳃茎,无数鳃茎紧密排列成栉状鳃瓣,鳃丝上的无数小突起称鳃小叶,是气体交换之处。

排泄与渗透调节 鱼体内代谢产物的排泄由肾和鳃来完成。泌尿器官是肾脏,鱼类的肾脏是1条长的紫红色条状物,位于腹腔的背部,属于中肾,在排泄废物方面,中肾的主要功能是将废物形成尿液。

神经与感觉 鱼类的神经系统主要分中枢神经系统和周围系统,包括脑和脊髓。鱼类的脑虽和其他脊椎动物一样分为明显的5个部分,但很小,总的说来还是较原始的,因为有的硬骨鱼类的大脑背面没有神经细胞,只有上皮组织。

知识窗

有一些鱼类由于适应特殊的生活环境和生活方式,而呈现出特殊的体型,例如海马、海龙、翻车鱼、比目鱼、箱鱼等。

广角镜——鱼类研究

鱼类动物作为生物医学、环境保护科学等领域的实验研究对象,已在世界各地获得了不少科研成果,如1950年戈登、1968年史密斯等的研究。可见鱼类动物作为实验材料确实是取之不尽的资源,这促使人们对如此丰富的潜在资源广为开发研究和尝试应用。

选用鱼类进行生物医学研究,特别是药物的毒理学和药理学试验,具有很多独特的优点:①鱼对某些药物、毒气十分敏感,只要含有极微量的成分就可引起很强的反应;②以鱼进行药理、毒理试验,除以死亡为指标外,对其习性的影响

动物惊奇

可能更为灵敏；③这对研究某些含量低或药理作用弱而需长期口服给药的中草药可能更为适宜；④鱼对某些中枢神经兴奋或抑制药的反应比较敏感；⑤鱼试验法结果判断明确并易于掌握；⑥在饲养管理上，鱼是一种比较经济的实验动物。

"领先一步学科学"系列

动物王国的大族

最早登陆的水生脊椎动物
——两栖类

◆色彩斑斓的两栖动物

两栖动物是最早的脊椎动物，由化石可以推断，它们出现在3.6亿年前的泥盆纪后期。两栖动物"amphibian"的字源来自希腊文的"两种amphi"和"生命bios"。这是因为两栖类可以同时生活在陆上和水中。两栖动物也是人们熟知的一类动物，是脊椎动物进化史上由水生向陆生的过渡类型，成体可适应陆地生活，但繁殖和幼体发育还离不开水。

两栖动物概述

两栖动物是最原始的陆生脊椎动物，既有适应陆地生活的新的性状，又有从鱼类祖先继承下来的适应水生生活的性状。多数两栖动物需要在水中产卵，发育过程中有变态，幼体（蝌蚪）接近于鱼类，而成体可以在陆地生活，但是有些两栖动物进行胎生或卵胎生，不需要产卵，有些从卵中孵化出来几乎就已经完成了变态，还有些终生保持幼体的形态。

◆蟾蜍

两栖动物最初出现在古生代的泥盆纪晚期，最早的两栖动物牙齿有迷

动物惊奇

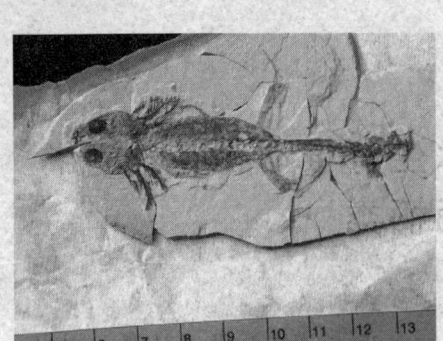

◆ 两栖动物娃娃鱼化石

路，被称为迷齿类，在石炭纪还出现了牙齿没有迷路的壳椎类，这两类两栖动物在石炭纪和二叠纪非常繁盛，这个时代也被称为两栖动物时代。在二叠纪结束时，壳椎类也全部灭绝，迷齿类只有少数在中生代继续存活了一段时间。进入中生代以后，出现了现代类型的两栖动物，其皮肤裸露而光滑，被称为滑体两栖类。

 链接——现代的两栖动物

现代的两栖动物种类并不少，超过4000种，分布也比较广泛，但其多样性远不如其他的陆生脊椎动物，只有3个目，其中只有无尾目种类繁多，分布广泛。每个目的成员也大体有着类似的生活方式，从食性上来说，除了一些无尾目的蝌蚪吃植物性食物外，均吃动物性食物。两栖动物虽然也能适应多种生活环境，但是其适应力远不如更高等的其他陆生脊椎动物，既不能适应海洋的生活环境，也不能生活在极端干旱的环境中，在寒冷和酷热的季节则需要冬眠或者夏蛰。

两栖动物的演化历史

两栖动物有着非常长的发展历史，关于两栖动物起源和演化的历史，现在仍然不很明确。

两栖动物的祖先是肉鳍鱼类，但是到底是起源于哪类肉鳍鱼尚不明确。过去一般认为以泥盆纪的真掌鳍鱼为代表的总鳍鱼中的

◆ 鱼石螈

扇骨鱼类是两栖动物比较理想的祖先，但是新近的研究否认了这种说法，因此两栖动物的祖先到底是肉鳍鱼类中的扇骨鱼类、空棘鱼类或者肺鱼类尚待研究探索。

最早的两栖动物是出现在古生代泥盆纪晚期的鱼石螈和棘鱼石螈，它们拥有较多鱼类的特征，如尚保留有尾鳍，并且未能很好地适应陆地的生活。鱼石螈和棘鱼石螈代表鱼类和两栖动物之间的过渡类型，但是新近的研究表明它们只是两栖动物早期进化的一个旁支，不是其他两栖动物的祖先类型，真正最原始的两栖动物尚待发现。进入石炭纪后，两栖动物迅速分化，并在古生代的最后两个纪石炭纪和二叠纪达到极盛，这个时代也因此称为两栖动物时代。在古生代结束后，大多数原始两栖动物灭绝，只有少数延续了下来，而新型的两栖动物则开始出现。

讲解——鱼石螈和棘鱼石螈

鱼石螈和棘鱼石螈的牙齿有类似总鳍鱼的迷路，被归入两栖动物纲的迷齿亚纲。鱼石螈和棘鱼石螈组成了迷齿亚纲的鱼石螈目，鱼石螈目自泥盆纪晚期出现后延续到了石炭纪早期，而在石炭纪早期迷齿亚纲的另外两个目已经出现。迷齿亚纲的这两个目分别代表两栖动物的主干类型和两栖动物中向着爬行动物进化的类型。离片椎目是两栖动物的主干类型，在石炭纪和二叠纪时遍布世界各地，而在古生代结束以后离片椎目的一些成员仍然繁盛了一段时间，是原始两栖动物中唯一延续到中生代的代表，有些甚至到

◆阔齿龙

三叠纪的乳齿螈，头骨长度超过一米，主要生活在水中。

中生代后期才灭绝，这些中生代的迷齿类分布广泛，体型巨大。向着爬行动物进化的类型是石炭螈目，主要发现在欧洲和北美，一直不很繁盛。石

动物惊奇

炭螈目中最著名的当属二叠纪的蜥螈，蜥螈同时具有两栖动物和爬行动物的特征，对于其到底是两栖动物还是爬行动物曾经有争议，直到发现了蜥螈的蝌蚪才确认其是两栖动物。因为蜥螈生活的时代要晚于最早的爬行动物，所以不可能是爬行动物的祖先，而爬行动物的祖先尚待发现。另一类与爬行动物非常相似的两栖动物是阔齿龙类，它们曾经被置于爬行动物的杯龙类，后来发现实际上是两栖动物。

◆蜥螈

在石炭纪和二叠纪还曾经生存着一类牙齿没有迷路的原始两栖动物，被归为壳椎亚纲。壳椎类多体型较小，非常特化，其中包括一些相貌奇特的成员，古生代结束的时候壳椎类全部灭绝，是否留下了后代尚不明确。

进入中生代后，现代类型的两栖动物开始出现。现代类型的两栖动物身上光滑而没有鳞甲，皮肤裸露而湿润，布满黏液腺，被归入滑体亚纲。这种皮肤可以起到呼吸的作用，有些两栖动物甚至没有肺只靠皮肤呼吸。现代两栖动物的起源现在还没有定论，有人认为无尾目起源于迷齿类而有尾目和无足目起源于壳椎类，也有人认为三者的共性很多，有着共同的起源。

两栖动物的主要特征

主要的特征是：体温不恒定，卵生，幼体在水中生活，经变态后成体可适应陆地生活，用肺呼吸，皮肤裸露而湿润，无鳞片、毛发等皮肤衍生物，黏液腺丰富，具有辅助呼吸功能。两栖类起源于距今约3亿多年前的泥盆纪。在漫长的演变过程中，鱼类从水中到陆地逐渐自我完善达到了质变并适应陆地新环境，因而形成了两栖动物，它们是最早的登陆四足动物。

动物王国的大族

链接——两栖类动物分类

全世界的两栖动物共有4000余种，根据它们的形态分为三大目。蚓螈目（无足目），主要特征是：体细长，没有四肢，尾短或无，形似蚯蚓。中国仅有1种，即版纳鱼螈，是我国蚓螈目的唯一代表。有尾目，主要特征是：体圆筒形；有四肢，较短；终生有长尾而侧扁；爬行，多数种类以水栖生活为主，形似蜥蜴，如大鲵，俗称"娃娃鱼"，是现生体型最大的两栖动物。无尾目，主要特征是：体短宽；有四肢，较长；幼体有尾，成体无尾，跳跃型活动，幼体为蝌蚪，从蝌蚪到成体的发育中需经变态过程，如蛙和蟾蜍。

两栖动物的生活习性及分布

两栖动物3个目的体型各异，它们的防御、扩散、迁移的能力弱，对环境的依赖性大，虽然有各种生态保护适应，但比其他纲的脊椎动物种类仍然较少，其分布除海洋和大沙漠外，平原、丘陵、高山和高原等各种生物环境中都有它们的踪迹，最高分布海拔可达5000米左右。它们大多昼伏夜出，白天多隐蔽，黄昏至黎明时活动频繁，酷热或严寒时以夏蛰或冬眠方式度过。以动物性食物为主，没有防御敌害的能力，鱼、蛇、鸟、兽都是它们的天敌。中国由于生物环境的多样性，人们通过认识两栖类物种的多样性，正在关注它们的生存状态，并进一步保护人类的这一朋友。

知识窗

迷齿亚纲：最古老的两栖动物，早期两栖动物的主干，生存于泥盆纪到白垩纪，其中包括爬行动物的祖先。

壳椎亚纲：古老而特化的早期爬行动物，仅生存于石炭纪和二叠纪。

滑体亚纲：从三叠纪延续到现代，包括所有现存的两栖动物，分为无足目、有尾目和无尾目。

 动物惊奇

中生代的动物霸主
——爬行类

你知道恐龙是一种爬行动物吗？爬行动物在中生代很繁盛，几乎遍布全球，恐龙就是当时的代表。后来由于气候和地壳的变动，绝大多数种类灭绝。现存种类约5000多种，常见的有蜥蜴、蛇、龟、鳖、鳄鱼等。爬行动物在脊椎动物进化中具有承上启下、继往开来的重要意义。

◆爬行动物

爬行动物概述

◆网蟒

爬行纲在地质史的中生代曾盛极一时，种类和数量极其繁多，在中生代的末期出现衰退。现存种类只包括鳄、龟、蜥蜴和蛇等动物。其中个体最大的是产于亚洲东南部的网蟒，全长可达9.9米，而最小的蜥蜴为斑点圆趾虎，全长只有36毫米。除南极地区外，分布几乎遍及全球，尤以南半球的种类更为繁多，能栖息于平原、山地、森林、草原、荒漠、海洋和内陆水域等各种生活环境，少数几种蜥蜴（西藏沙蜥、红尾沙蜥）的最高垂直分布点可达海拔5000多米的青藏高原寒漠地带。

领先一步学科学系列

爬行动物的特征

爬行动物是体表被鳞片或硬甲、在陆地繁殖的变温羊膜动物。爬行动物由石炭纪末期的古代两栖类进化而来，它们不但继承了两栖动物初步登陆的特性，而且在防止体内水分蒸发，以及适应陆地生活和繁殖等方面，获得了进一步发展。爬行类真正地适应了陆栖生活，是最高等的变

◆鳄

温脊椎动物，同时古爬行类还是鸟、兽等更高等的恒温羊膜动物的演化原祖，因此，爬行动物在脊椎动物进化中具有承上启下、继往开来的重要意义。爬行动物体表被角质鳞，皮肤缺少皮肤腺；具典型五指（趾）型四肢，指、趾端具爪；头骨由颞窝形成，出现完整或不完整的次生腭；荐椎和颈椎数目增多，胸廓出现；完全以肺呼吸，血液仍是不完全双循环，但心室已出现不完全分隔；大脑开始出现新脑皮，脑神经为12对；鼓膜下陷形成外耳道；排泄物以尿酸为主；体内受精，产具有钙质或革质壳包裹的羊膜卵（发育中出现3种胚膜，即羊膜、绒毛膜、尿囊膜）。仍为变温动物。

 万花筒

爬行动物为真正脱离水环境的陆地生活类群（有些现代种类为水中生活，属于次生性现象）。同两栖动物比较，需要解决以下几个问题：

(1) 陆地繁殖的问题；
(2) 防止体内水分蒸发（丢失）；
(3) 陆地长距离运动，适应辐射。

爬行动物的起源和适应辐射

1. 爬行类的起源

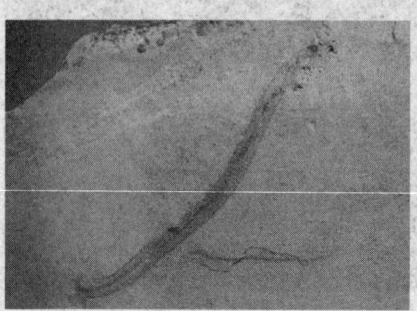
◆爬行类动物化石

◆恐龙

根据经典的观点，爬行类是从距今约3亿年前的石炭纪的迷齿类两栖动物演化来的。到石炭纪末期，地球上的气候曾经发生剧变，部分地区出现了干旱和沙漠，使原来温暖而潮湿的气候变为干燥的大陆性气候——冬寒夏暖。植物界也随着气候的变化而变了，蕨类植物大多数被裸子植物所代替。致使很多古代两栖类绝灭或再次入水。而具有适应陆地生活结构（如角质化发达的皮肤，完善的肺呼吸系统等）以及羊膜卵的古代爬行类则能生存并在斗争中不断发展，并将两栖类排挤到次要地位，到中生代几乎遍布全球的各种生态环境，因而常称中生代为爬行动物时代。

2. 爬行类的适应辐射

爬行类的适应辐射在三叠纪（紧接二叠纪）特别显著，与新的生态环境的出现是一致的。在那个时代，陆地上的气候和地质改变，比如气候的变化，从热到冷，造山运动和地势横贯形成，以及各种各样的植物生活类型。

过去中生代是爬行动物统治的时代，不久它们突然绝灭于近白垩纪末大约6500万～8000万年以前。灭亡原因是什么？因为在石炭纪时期出现许多变化。据我们今天所知，近代动物群和植物群因能很好地适应而生存，恐龙不能适应而死亡。它们的灭绝或是由于气候、生态因素、过分特化和低生殖

动物王国的大族

力等综合因素影响的结果。但是，古生物学家在继续推测和争论这个问题。龟类具有保护的甲，蛇类和蜥蜴类从密林和岩石环境里进化过来，它们在密林和岩石地方会碰上若干四足类的竞争；还有鳄类，由于它有巨大的身体、潜伏性强、好攻击和生活在水栖环境中，因此极少有天敌。

 小书屋

　　趋异进化的结果使亲缘相同或相近的一类动物适应多种不同的环境而分化成多个在形态、生理和行为上各不相同的种，形成一个同源的辐射状的进化系统，即是适应辐射（adaptive radiation）。

 讲解——爬行类的衰退

　　中生代是爬行类时代，在地球上的各种生态环境中生活着各式各样的古爬行动物，尤以体躯巨大的恐龙，为当时地球上的一霸。它们在1亿多年的漫长岁月中，食量愈来愈大，相应地体型也愈来愈大，而生活习性和食性又都向着专一化的方向发展，能较优越地适应于所栖居的特定环境条件。中生代的气候十分稳定，季节以及纬度变化的温差均轻微。以电子计算机模拟这种条件下的大型爬行动物体温表明，仅依靠其自身的热惰性就能维持较为稳定的体温。但到了中生代末期，地球发生了强烈的地壳运动、长山运动（我国的喜马拉雅山和欧洲的阿尔卑斯山就是这个时期形成的）。由于地壳剧变导致气候、环境巨大变更，使植物类型也发生了改变，被子植物出现并替代了裸子植物而居于优势。这些都给食量大而又狭食性的古爬行类带来严重的后果，加以恒温动物，特别是哺乳动物的兴起，使古爬行类在生存斗争中居于劣势，导致相对突然的大量死亡和绝灭，从而结束了盛极一时的爬行类的黄金时代。

爬行动物的价值

　　生态系统中的作用：爬行动物为变温动物，主要依靠吸收太阳的辐射热来维持和提高体温。由于新陈代谢率低，对自然界内作为热量来源的营养物

动物惊奇

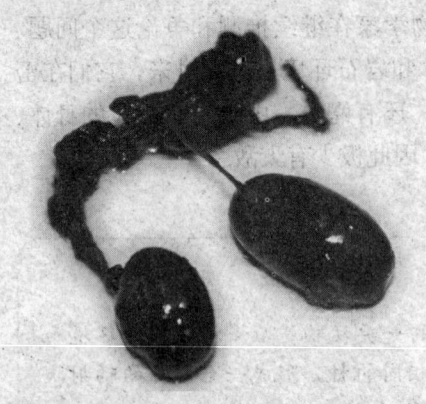

◆蛇胆

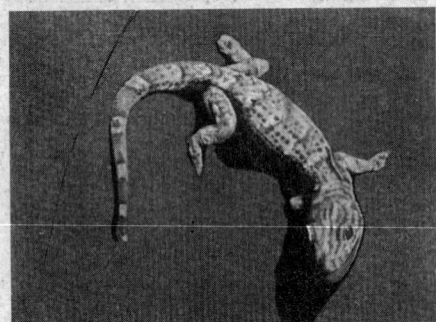

◆大壁虎

质消耗也少，它们所摄入的大部分能量都能通过同化作用而转变为自身的生物量，其净生产力可达到30％～90％，远远超过恒温动物。

大多数爬行动物都是杂食或肉食类，蜥蜴和蛇类通过大量捕食昆虫及鼠类等摄入能量而有益于农牧业生产，在生态系统中充当着次级消费者的角色。许多爬行动物又是食肉兽和猛禽的食物及能量的来源之一，在生态系统能量的流转过程中，处于重要的地位。因此，爬行动物对维持陆地生态系统的稳定性，以及为自然界提供能量贮存来说，具有不可忽视的作用。

动物王国的大族

始祖鸟的后代——鸟类

◆鸟类

鸟类是大自然的精灵,是维护生态平衡的重要因素,爱鸟护鸟是环境保护、生物多样性的重要组成部分。鸟类通常是带羽、卵生的动物,有极高的新陈代谢速率,长骨多是中空的,所以大部分的鸟类都可以飞。鸟类是地球生态系统的一个重要组成部分,其对人类的生存与发展有着极其重要的影响。鸟类传送花粉,传播种子,抑制有害昆虫,有力地调节了自然界的动植物种群,在维持自然生态平衡方面起着重要作用。

鸟类简介

鸟类属于脊椎动物中的鸟纲,是高等脊椎动物中适应飞行、品种数仅次于鱼类的一个大家族。据现有的化石资料显示,它们是由距今6000万~7000万年前的爬行动物演化而来的,在2000万年前达到全盛时期。鸟类凭借高超的飞行本领,征服了高山、海洋、沙漠等地理障碍,分布在地球上的每一个角落,

◆鹰

占据各种各样的生活环境。不论是在熙熙攘攘的城市、白雪皑皑的冰山、莽莽苍苍的丛林,还是在烟波浩淼的海洋、荒无人烟的沙漠、天寒地冻的极地,我们都可以发现鸟类的踪影。

动物惊奇

鸟的主要特征是：大多数飞翔生活，体表被覆羽毛，一般前肢变成翼（有的种类翼退化），有坚硬的喙（鸟类的嘴），骨多孔隙，内充气体；心脏有两心房和两心室。呼吸器官除肺外，还有由肺壁凸出而形成的气囊，用来帮助肺进行双重呼吸。

鸟是两足、恒温、卵生的脊椎动物，体型大小不一，既有很小的蜂鸟也有巨大的鸵鸟和鸸鹋（产于澳洲的一种体型大而不会飞的鸟）。

鸟的食物多种多样，包括花蜜、种子、昆虫、鱼、腐肉或其他鸟。大多数鸟是日间活动，也有一些鸟（例如猫头鹰）是在夜间或者黄昏的时候活动。许多鸟都会进行长距离迁徙以寻找最佳栖息地（例如北极燕鸥），也有一些鸟大部分时间都在海上度过（例如信天翁）。

已知鸟类分为两个亚纲，即古鸟亚纲和今鸟亚纲。

古鸟亚纲以始祖鸟为代表。

今鸟亚纲包括白垩纪以来的一些化石鸟类以及现存鸟类。

化石鸟类以黄昏鸟目和鱼鸟目为代表，它们的骨骼近似现代鸟类、但上、下颌具槽生齿。

鸟类的起源与进化

鸟类可能是由侏罗纪蜥龙类进化而来的。最早的鸟类表现出与恐龙中的虚古龙有明显的相似性。鸟类在白垩纪得到了很大的发展，到新生代开始，已与现代鸟类的结构无明显差别。可以推测，大约在2亿年前，从旧大陆的一支古爬行类动物进化成鸟类，随着鸟类的繁盛而逐渐扩展到新大陆。在适应多变环境条件的同时，鸟类发生了对不同生活方式的适应辐射。

鸟类是由古爬行类进化而来的一支适

◆始祖鸟

动物王国的大族

应飞翔生活的高等脊椎动物。它们的形态结构除许多与爬行类动物相同外，也有很多不同之处。这些不同之处一方面是在爬行类动物的基础上有了较大的发展，具一系列比爬行类高级动物的进步性特征，如有高而恒定的体温，完善的双循环体系，发达的神经系统和感觉器官以及与此联系的各种复杂行为等；另一方面为适应飞翔生活而又有较多的特化，如体呈流线型，体表被

◆鸟体内的气囊分布示意图

羽毛，前肢特化成翼，骨骼坚固、轻便而多中空，具气囊和肺，气囊是供应鸟类在飞行时有足够氧气的构造。气囊的收缩和扩张跟翼的动作协调。两翼举起，气囊扩张，外界空气一部分进入肺里进行气体交换；另外大部分空气迅速地经过肺直接进入气囊，未进行气体交换，气囊就把大量含氧多的空气暂时贮存起来。两翼下垂，气囊收缩，气囊里的空气经过肺再一次进行气体交换，最后排出体外。气囊还有减轻身体比重，散发热量，调节体温等作用。这一系列的特化，使鸟类具有很强的飞翔能力，能进行特殊的飞行运动。

鸟的类型

鸟类的生态类型

鸟类品种繁多，作为同一类动物，其形态变化很大。在漫长的生存竞争中，不同的鸟类逐渐适应不同的生活环境，各个类群的鸟类在外形和构造方面也发生了一些特殊的变化，形成了不同的生态类型。根据鸟类的生态习性及形态特点，可将其大致分为鸣禽、攀禽、陆禽、猛禽、涉禽和游禽等各种不同的生态类型。

鸣禽类：其喉部下方有鸣管，由鸣腔和鸣膜组成，鸣管和鸣肌特别发达。一般体型较小，体态轻捷，活泼灵巧，善于鸣叫和歌唱，且巧于筑

动物惊奇

巢，如百灵鸟。鸣禽是数量最多的一类，占世界鸟类数的五分之三。

攀禽类：其嘴，脚和尾的构造都很特殊，善于在树上攀缘，如啄木鸟，嘴尖利如凿，脚强健有力，两趾向前，两趾向后，适于攀树，尾羽轴坚韧，尾羽起支撑体重作用。

陆禽类：体格结实，嘴坚硬，脚强而有力，适于挖土，多在地面活动

鹰

觅食。一般雌雄羽色有明显的差别，雄鸟羽色更为华丽，如孔雀等。

猛禽类：具有弯曲如钩的锐利嘴和爪，翅膀强大有力，能在天空翱翔或滑翔，捕食空中或地面活的猎物，如鹰。

涉禽类：嘴、颈和脚都比较长，脚趾也很长，适于涉水行进，不会游泳，善用长嘴插入水底或地面取食，如鹭。

游禽类：具有扁阔或尖的嘴，脚趾间有蹼膜，善于游泳、潜水和在水中获取食物；不善于在陆地上行走，但飞翔迅速，多生活在水上，如鸥等。

广角镜——世界鸟类常识

世界共有鸟类156科，9000多种，已经有139种灭绝了，保护鸟类已经刻不容缓。我国的鸟类资源非常丰富，目前已经记录到的鸟类有1200多种，约占世界鸟类总数的14%，是世界上鸟类最多的国家之一，而且有许多珍贵的特产种类。但由于工农业生产的迅速发展，在森林砍伐和施用农药上没有认真考虑给生态环境带来的影响，严重破坏了鸟类的生存条件，再加上有些人滥捕滥杀，近20年来鸟类的种数和数量，正在以令人吃惊的速度锐减，许多地方不再是"处处闻啼鸟"，而是"处处无啼鸟"。难怪许多生物学家、环保学家一致大声呼吁：保护环境，爱护鸟类。

鸟类的季节型

在我国，大约有500多种鸟类每年会随着季节的变化而更改生活

 动物王国的大族

场所，春季飞往北方的繁殖地，秋天飞往南方的越冬地，有这种迁徙习性的鸟称为候鸟，反之则称为留鸟。由于每种候鸟的繁殖地和越冬地在地理位置上是相对稳定的，因此，候鸟的迁徙也就成了鸟类季节性分布的原因。

（1）留鸟：终年栖息在出生地，不随季节变化而迁徙的鸟类。如乌鸫、喜鹊、树麻雀、大山雀等。

（2）候鸟：每年随季节变化，在繁殖地和越冬地之间迁居的鸟类。按照在某个地区的迁徙习性，又可分为夏候鸟、冬候鸟和旅鸟。

（3）迷鸟：飞离平时的栖息地或偏离正常的迁徙路线，出现在不该出现的地方的鸟类。

鸟类的保护

鸟类对环境极其敏感，它能感受到栖息环境的任何改变。人类活动造成的环境变化影响了野鸟的生存，而鸟类数量的变化也给人类指示了环境的状况。鸟类与人类是地球村里相互依赖、共同命运的村民，爱护鸟类就是爱护人类自己。

保护鸟类就是保护环境，林地是构成地球植被的重要部分，许多生物以林地为生息繁衍地，鸟类是其中最重要的成员。在这里，植物是生产者，各种昆虫和一些以植物为食的哺乳动物是消费者，鸟类一方面作为消费者参与了林地生态的活动，另一方面又抑制着对植物有破坏作用的生物。林地为鸟类提供了栖息地，而鸟类保护了植物的正常生长，它们处在不同的食物链上的不同环节，成为了林地生态系统的骨干。

我们的祖先深深懂得爱鸟的意义，文字记载虽详略不一，但从古至今历代不绝。甲骨文中有字像啄木鸟啄虫状，且出现在卜辞中，有令鸟防虫之意，中国的古人很清楚这种鸟的价值。到孔子时，他明确地提出了"覆巢毁卵则凤凰不翔"的保护鸟类的思想。此后各朝代都有法令强调保护鸟类和其他的动物，中华人民共和国建立后先后出台了许多保护鸟类和其他野生动物的法规和条例，并制定了相关的法律。

动物惊奇

 知识广播

鸟网：鸟网通过鸟类摄影、鸟类观察和鸟类研究，达到关爱鸟类、保护自然、宣传环保、促进和谐之目的。鸟网，将竭诚为所有鸟类爱好者提供鸟类影像平台。

观鸟网：观鸟与摄影爱好者的网站。

鸟类网：分享鸟趣。致力于普及鸟类知识，发布鸟类资讯，分享有趣的鸟类故事，唤起更多的人来关爱鸟类，保护生态。

此外，许多省份和城市都组建了观鸟协会，极大地方便了各地爱鸟人士的交流沟通。

 链接：中国观鸟爱鸟组织

◆非洲鸵鸟

鸟类学近年来得到了极大的发展，包括鸟类分类学、鸟类起源与进化、鸟类与生态的关系、鸟类行为研究、鸟类保护与种群恢复等等。中国各地出现了很多观鸟协会（野鸟协会），带动了中国鸟类保护的普及，同时涌现出一些科普网站积极介绍鸟类知识，许多不为人知的鸟类逐渐得到关注。

中国野鸟图库：在中国鸟类学会指导下，由各地鸟类研究人员、观鸟组织和鸟类摄影爱好者共同创建的全国性专业鸟类图库，目的是尽可能全面地收集中国鸟类的图片资料，促进中国鸟类研究工作和民间观鸟活动的发展。

世界自然基金会（中国）：致力于推动观鸟以及拍摄事业在中国的发展，并为业余鸟类摄影爱好者提供平台和交流空间，同时，积累鸟种图片和分布数据，方便鸟类爱好者查阅和辅助辨识。

动物王国的大族

最高级的脊椎动物
——哺乳动物

当我们还是婴儿的时候,我们都喜欢吃奶,因为我们属于哺乳类动物。

哺乳类是指用母乳哺育幼儿的动物,是动物世界中形态结构最高等、生理机能最完善的类群。总的来讲,哺乳动物的智力水平要比其他种类的动物高。现在全世界估计有4000多种哺乳动物,我们人类也是其中之一。

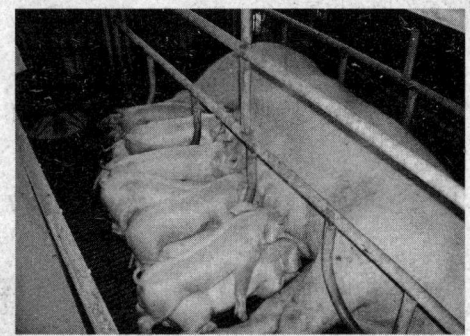
◆正在吃奶的小猪

哺乳动物的起源

最初的哺乳动物出现在2.2亿年前。

哺乳动物来自兽齿类爬行动物,但是要进一步确定是哪一类兽齿类并不是一件容易的事。因为在兽齿类动物里,进步性质和原始性质交错存在,十分复杂。如早期兽头类的很多特点都很原始,但颞孔却增大,而且已出现了哺乳动物式的趾。三列齿兽已

◆兽齿类爬行动物

领先一步学科学系列

35

动物惊奇

◆最大的犬齿兽类之一

有很多进步性质,几乎可以把它放到哺乳动物中去,然而它却仍然保留着爬行动物的上下颌连接方式,即关节骨—方骨的连接。目前比较一致的看法是哺乳动物是多源的,认为绝大多数的哺乳动物(其中有胎盘类占主要地位)起源于犬齿类,但在种类繁多的中生代哺乳动物里,也有起源于其他兽齿类的。

自三叠纪晚期起,哺乳动物便开始登上大自然的历史舞台。

哺乳动物的进化

最早的哺乳动物化石是在中国发现的吴氏巨颅兽化石,它生活在2亿年前的侏罗纪。从化石上看,哺乳动物(尤其是早期的哺乳动物)与爬行动物的重要区别在于其牙齿。爬行动物的每颗牙齿都是同样的,彼此没有区别,而哺乳动物的牙齿按它们在颌上的不同位置分化成不同的形态,动物学家可以通过各种牙齿类型的排列(齿列)来辨识不同品种的动物。此外,在动物界只有哺乳动物耳中有三块骨头,它们是由爬行动物的两块骨进化而来的。

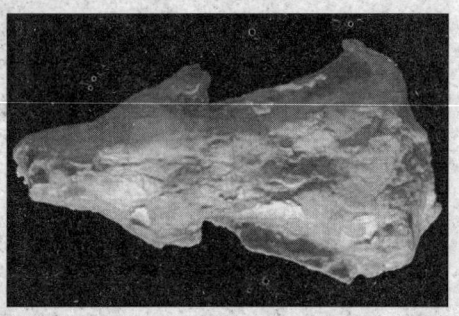

◆吴氏巨颅兽化石

到第三纪为止,所有的哺乳动物都很小。恐龙灭绝后哺乳动物逐渐占据重要地位,到第四纪哺乳动物已经成为陆地上占支配地位的动物了。

讲解——哺乳动物的重要特征

哺乳动物具备了许多独特特征,因而在进化过程中获得了极大的成功。

动物王国的大族

哺乳动物最重要的特征是：脑较大而发达；智力和感觉能力进一步发展；获得食物及处理食物的能力增强；繁殖效率提高；体表有毛、胎生，一般分头、颈、躯干、四肢和尾五个部分；用肺呼吸；体温恒定，是恒温动物。哺乳和胎生是哺乳动物最显著的特征。胚胎在母体里发育，母兽直接产出胎儿，母兽都有乳腺，能分泌乳汁哺育仔兽。

◆海豚——最聪明的哺乳动物之一

这一切涉及身体各部分结构的改变，包括脑容量的增大和新脑皮的出现，视觉和嗅觉的高度发展，听觉比其他脊椎动物有更大的特化；牙齿和消化系统的特化有利于食物的有效利用；四肢的特化增强了活动能力，有助于获得食物和逃避敌害；呼吸、循环系统的完善和独特的毛被覆盖体表有助于维持其恒定的体温，从而保证它们在广阔的环境条件下生存。胎生、哺乳等特征保证其后代有更高的成活率及一些种类的复杂社群行为的发展。

哺乳动物的地理分布

各地理界均有自己独特的哺乳动物区系，包括特有的目、科、属、种和亚种。世界各动物地理界之间的兽类区系从北向南差异愈来愈大。在古北界和新北界的北部有许多共同的种，只有亚种的差异；南部开始有不同的种、属；再向南，各地理界之间则有不同的科、目。中国地跨古北、东洋两界。北方属古北界，哺乳纲的代表科有鼠兔科、河狸科、蹶鼠科、跳鼠科、睡鼠科，南方属东洋界，代表科有长臂猿科、懒猴科、大熊猫科、灵猫科、鼷鹿科、穿山甲科、狐蝠科、象科、猪尾鼠科、竹鼠科等。

> 根据哺乳动物的区系特征，全世界被划分为7个动物地理界：古北界、新北界、新热带界、埃塞俄比亚界、东洋界、大洋洲界、南极界。

"领先一步学科学"系列

37

动物惊奇

哺乳动物的适应情况

对环境的适应

哺乳动物的演化发生在环境条件趋于极端化时，对环境的适应十分明显。例如在荒漠环境中，骆驼和跳鼠都能保持体内的水分；再如极地环境的北极狐等具有十分保暖的毛皮。

◆跳鼠

对生活方式的适应

运动方面：原始哺乳动物适于在地面行走的五趾型四肢，随着适应不同的生活方式而衍生出许多特化类型，如营水生生活的鲸类和海牛类的后肢退化，前肢演变为鳍状；适应飞翔生活的翼手类的指骨延长，指和四肢间发展了翼膜；营地下生活的鼹鼠类的前肢呈铲形；在开旷草原奔跑的

◆鲸

有蹄类的四肢趾端具蹄，为了减轻四肢的重量，巨大的肌肉位于臀部；树栖的哺乳动物或具有锐爪便于在树干上攀爬如松鼠类，或具有长指（趾）便于抓握树枝如灵长类，还有极为特殊的适应树栖运动的兽类，如南美热带森林中的树懒，其趾端具巨大的钩状爪，用以在树上攀爬和悬挂。

食物方面：草食动物牙齿和咬肌发生了许多变化，啮齿类和兔形类发展了可终生生长的凿形门齿，以适应啃咬粗硬的树皮、坚果等；牛科和鹿科动物的上门齿消失，代之以厚的皮肤垫，以适应扯断草茎。犬齿在草食兽类中慢慢消失，而颊齿则扩大成为有效的研磨结构。肉食兽类与草食兽类相反，有着十分发达的犬齿，便于刺穿捕获物，臼齿数倾向减退，由第4上前臼齿和第1下臼齿构成的裂齿则是适于撕咬的工具。

 知识窗

哺乳动物的食性

原始哺乳动物主要是以昆虫为食的杂食动物。后来，因适应不同的生活方式而演变为：杂食者，以动物和植物为食；草食者以植物为食；肉食者以动物为食。

哺乳动物的分类

哺乳动物属于动物界脊索动物门，脊椎动物亚门，哺乳纲。原兽亚纲包括现存的单孔目和众多的早期哺乳动物，其中单孔目为卵生，这个亚纲的史前成员可能也是卵生。原兽亚纲也常被分成三个不同的亚纲，其中单孔目保留在原兽亚纲，一些最早期的哺乳动物被列为始兽亚纲，而多瘤齿兽类被单列为异兽亚纲。兽亚纲是胎生的哺乳动物，包括现存的绝大多数哺乳动物以及一些早期的哺乳动物。现存的兽亚纲可分为后兽下纲和真兽下纲，后兽下纲即有袋类，可能后兽下纲的其他早期成员也具有类似有袋类的特征；真兽下纲即有胎盘类，是自新生代以来至今在大多数地区占统治地位的动物。

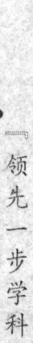

 小博士

哺乳动物之最

最大的哺乳动物：蓝鲸

最大的陆生哺乳动物：非洲象

最高的哺乳动物：长颈鹿

跑得最快的哺乳动物：猎豹

最臭的哺乳动物：美洲臭鼬

哺乳动物中的代表动物

人类（最高等的哺乳动物）、虎、狼、鼠、鹿、貂、猴、貘、树懒、

 动物惊奇

斑马、狗、狐、熊、象、豹子、麝牛、狮子、小熊猫、疣猪、羚羊、驯鹿、考拉、犀牛、猞猁、穿山甲、长颈鹿、熊猫、食蚁兽、猩猩、海牛、水獭、灵猫、海豚、海象、鸭嘴兽、刺猬、北极狐、北极熊、袋鼠、犰狳、河马、海豹、鲸、鼩……

其中鸭嘴兽、针鼹（或称短吻针鼹）、原鼹（或称长吻针鼹）是特别的哺乳动物，它们不是胎生，而是卵生，但仍划为哺乳动物，它们都生活在澳大利亚。

 万花筒

哺乳动物种类繁多，分布广泛，主要按外形、头骨、牙齿、附肢和生育方式等来划分，习惯上分三个亚纲：原兽亚纲、后兽亚纲、真兽亚纲，现存约28个目4000多种。

水中尽遨游

达尔文在他的《物种起源》中提到，物竞天择，适者生存。每种生物都有它适合的生活环境，或者说是在长期的进化过程中，它适应了现在的环境。

鱼儿，水中游，悠闲自得，何等畅快。让我们生活在现代紧张而又忙碌中的人们何等羡慕。

鱼，与人类结下了不解之缘，成为人类日常生活中极为重要的食品与观赏宠物，但人们对什么动物是"鱼"？鱼应如何定义？却知者甚少。

水中尽遨游

最常见的观赏鱼——金鱼

◆珍珠金鱼

你养过金鱼吗？它们是不是很美丽呢？金鱼也称"金鲫鱼"，是由鲫鱼演化而成的观赏鱼类，头上有两只圆圆的大眼睛，身体短而肥，鱼鳍发达，尾鳍有很大的分叉。金鱼起源于中国，12世纪已开始金鱼家化的研究，经过长时间培育，品种不断优化，现在世界各国的金鱼都是直接或间接从我国引种的。金鱼易饲养，形态优美，很受人们的喜爱，是中国特有的观赏鱼。

金鱼简介

金鱼是人们乐于饲养的观赏鱼类，它身姿奇异，色彩绚丽，可以说是一种天然的活艺术品，因而为人们所喜爱。根据史料的记载和近代科学实验的资料，科学家已经查明，金鱼起源于我国普通食用的野生鲫鱼。它先由银灰色的野生鲫鱼变为红黄色的金鲫鱼，然后再经过不同时期的家

◆红头金鱼

养，由红黄色金鲫鱼逐渐变成为各个不同品种的金鱼。作为观赏鱼，远在中国的晋朝（265～420年）已有红色鲫鱼的记录出现。在唐代的"放生池"里，开始出现红黄色鲫鱼，宋代开始出现金黄色鲫鱼，人们开始用水

"领先一步学科学"系列

动物惊奇

◆土佐金鱼

池养金鱼，金鱼的颜色出现白花和花斑两种，到明代金鱼搬进鱼盆。金鱼在动物分类学上是属于脊椎动物门、有头亚门、有颌部、鱼纲、真口亚纲、鲤形目、鲤科、鲤亚科、鲫属的硬骨鱼类。金鱼和鲫鱼同属于一个物种，在科学上用同一个学名（Carassius auratus）。

在距今3200多年前，中国已有了养鱼的记录，由于长期的捕鱼、养鱼、同鱼类接触的机会颇多，也就对鱼类观察的机会非常之多，了解也多，所以很容易发现野生鱼类中发生变异的种类，尤其是变为金色或红色的种类更容易引起人们的关注。当时人们把金色或红色的鱼类统称为"金鱼"。我国明代伟大的药学家李时珍，在他的《本草纲目》中写有"金点有鲤鲫鳅数种，鳅尤难得，独金鲫耐久，前古罕知"。

小博士

雄性金鱼一般体型略长，雌性金鱼身体较短且圆。怀卵期雌鱼较雄鱼腹部膨大。雄鱼尾柄比雌鱼的略粗壮。雌雄不同的金鱼，在体色上略有差异，雄鱼一般颜色鲜艳，而雌鱼略淡一些，在繁殖发育期，雄鱼体色更为鲜艳。

金鱼的外形特征

金鱼的外部形态，与鲫鱼有极大的不同，几乎没有一个单一性状没有发生变异。其体态变异包括体色、体型、鳞片数目、鳞片形态、背鳍、胸鳍、腹鳍、臀鳍、尾鳍、头形、眼睛、鳃盖、鼻隔膜等变异。这里主要讲体

世界各国的金鱼都是由我国传出去的，金鱼的故乡是在浙江的嘉兴和杭州两地。

色的变异、头形的变异和眼睛的变异。

体色的变异：金鱼的种种颜色，主要是由于真皮层中许多有色素皮肤细胞枣色素细胞所产生。金鱼的颜色成分只有3种：黑色色素细胞、橙黄色色素细胞和淡蓝色的反光组织。所有这些成分都存在于野生鲫鱼中。家养金鱼鲜艳多变的体色，只不过是这3种成分的重新组合分布，强度、密度的变化，或消失了其中一个、两个或三个成分而形成的。

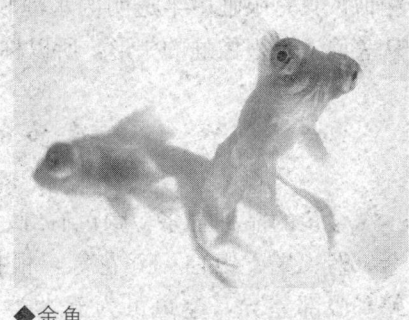
◆金鱼

头形的变异：我国各地饲养者把头形分为虎头、狮头、鹅头、高头、帽子和蛤蟆头。

根据陈桢教授的命名，把头形区分为平头、鹅头和狮头3种类型。

1. 平头型：其头部皮肤是薄而平滑的，称为平头型，有窄平头和宽平头之分。

2. 鹅头型：头顶上的肉瘤厚厚凸起，而两侧鳃盖上则是薄而平滑的。

◆凌虚金鱼画

3. 狮头型：头顶和两侧鳃盖上的肉瘤都是厚厚凸起，发达时甚至能把眼睛遮住。

眼睛的变异：可分为正常眼、龙眼、朝天眼和水泡眼。

1. 正常眼：与野生鲫鱼的眼睛一样大小的称为正常眼。

2. 龙眼：眼球过分膨大，并部分突出于眼眶之外，这种眼称为龙眼。

3. 朝天眼：朝天眼与龙眼相似，都比正常眼大，眼球也是部分突出于眼眶之外，所不同的是朝天眼的瞳孔向上转了90度而朝向天。还有一种在朝天眼的外侧带有一个半透明的泡，这种眼称为朝天泡眼。

4. 水泡眼：这种眼的眼眶与龙眼一样大，但眼球却与正常的眼一样小，眼睛的外侧有一半透明的泡，这种眼称为水泡眼。还有一种与水泡眼相似，只是眼眶中半透明的水泡较小，在眼眶的腹部只形成一个小突起，从表面上看很像蛙的头形，所以称为蛙头，也有人称它为蛤蟆头。

金鱼的主要种类

金鱼的品种很多，颜色有红、橙、紫、蓝、墨、银白、五花等，根据背鳍和眼部差异，金鱼可为五大类：金鲫种、文种、龙种、蛋种和龙背种，每一大类中又包含数十个品种。

1. 金鲫种：主要有单尾草金鱼和燕尾草金鱼。是目前大面积观赏水域中的主要鱼种。

草金鱼：俗称红鲫鱼或金鲫鱼，体呈纺锤形，尾鳍不分叉，背、腹、胸、臀鳍均正常。体质强健，适应性

◆金鱼邮票

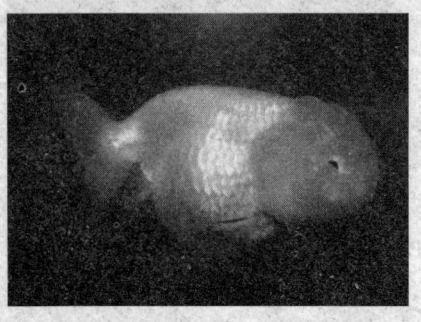
◆蛋种

◆龙睛

强，食性广，容易饲养。

燕尾：体短而尾特长，尾长超过身长的一半，尾鳍后面分叉似燕子尾形，故名燕尾。性格活泼，易饲养。现有的品种有红燕尾、红白燕尾。

2. 文种：文种金鱼是中国金鱼中的"元老"品种之一，也是当代金鱼中最大的一个系列品种。体形短圆粗壮；头型有尖、宽两种；鳞片有软、硬及珠鳞之分；腹臌圆；眼小平直，不凸于眼眶外；有背鳍，尾鳍有四叶双开，其中有长、短，大、小两种，俯视鱼体，形状像"文"字而得名。

体色多数为红、红白、蓝、紫、红黑、五花及透明软鳞（即玻璃花）等。文种金鱼的性状变异主要有体呈三角形的文鱼、头部生有肉瘤的狮子头、鳞片发生变异的珍珠鳞（鼻端进化为绒球）等。它们的色彩更是繁多，形成久盛不衰的特色品种。代表品种有：文鱼、高头、绒球、珍珠鳞鱼、狮子头、鹤顶红、琉金等。

3. 龙种：龙种金鱼一直被视为"正宗"的中国金鱼，它因有一双特大的眼睛而闻名。

龙睛：龙睛是中国金鱼中富有代表性的品种。体型短粗，有背鳍，诸鳍发达，四开大尾鳍。头平而宽，两眼球向左右两眼眶外凸出，形如古代传说中"龙"的眼睛。其眼球有棋子形、苹果形、灯泡形三种：棋子形的眼球前后等大，酷似棋子形状；常见代表品种有红龙睛、白龙睛、蓝龙睛、紫龙睛、五花龙睛、墨龙睛、十二红龙睛、喜鹊花龙睛、五花凤尾龙睛、红白金银眼龙睛、十二黑龙睛、红白花高头龙睛等。

蝶尾龙睛：尾鳍酷似蝴蝶，游动缓慢，活动力不强，争抢食物的能力也不强。常见的品种有：红蝶尾、黑蝶尾、红白花蝶尾、白蝶尾、蓝蝶尾、紫蝶尾、五花蝶尾、十二红蝶尾、喜鹊花蝶尾、玛瑙眼蝶尾、葡萄眼蝶尾等10多个品种，其中十二红蝶尾、喜鹊花蝶尾、玛瑙眼蝶尾更为珍贵难得。

4. 蛋种：蛋种金鱼没有背鳍，背部平滑呈弓形，与文种金鱼的区别就在此。文种金鱼中的大部分形状在蛋种金鱼中都有相似的变异出现。蛋种金鱼体型短圆，形似鸭蛋，背上无鳍，其他各鳍也短小，其中的发头类金鱼尤以短小精悍著称。另外还有一种头面发育不明显，各鳍较长的名为"丹凤"。它的生活力较龙种、文种金鱼要强，生长速度快。

蛋种金鱼现约有60余个品种，较名贵的品种有：寿星头、猫狮头、五花虎头、黑虎头、红头虎头、黑水泡、朱砂泡水泡、五花水泡、五花蛋球、五花丹凤等。其中尤以前5个品种声誉最佳。

5. 龙背种（蛋龙）：龙背种是一类没有背鳍的龙睛金鱼，其他特征与龙种相似。该类金鱼眼睛外凸，且很大，背部平直，尾鳍飘飘。目前，龙背种金鱼品种较少，数量也较少，故知名度不太高。现约有30个品种，其中以朝天龙、五花蛋龙球、虎头龙睛较名贵。

生物的种类并不是一成不变的，它从一个形状简单的类型可以逐渐进化成多种多样的形态。

动物惊奇

味美的淡水鱼——鲫鱼

你喜欢吃鲫鱼吗？鲫鱼肉质鲜嫩，是餐桌上的美味，那么，你了解鲫鱼吗？鲫鱼又称鲋鱼、鲫瓜子、鲫皮子、肚米鱼，别称喜头，为鲤科动物，产于全国各地。鲫鱼是一种适应性很强的鱼类，栖于江河、湖泊、池沼、河渠中，尤以水草丛生的浅水湖和池塘较多。

◆鲫鱼

鲫鱼简介

◆鲫鱼的形态

地方名：草鱼板子、喜头鱼、鲫瓜子、鲋鱼、鲫拐子、朝鱼、刀子鱼、鲫壳子、金鱼（江苏金坛）。

形态特征：一般体长15～20厘米，体侧扁而高，体较厚，腹部圆。头短小，嘴钝，无须，鳃耙长，鳃丝细长。下咽齿一行，扁片形。鳞片大，侧线微弯，背鳍长，外缘较平直。背鳍、臀鳍第3根硬刺较强，后缘有锯齿。胸鳍末端可达腹鳍起点。尾鳍深叉形。一般体背面灰黑色，腹面银灰色，各鳍条灰白色。因生长水域不同，体色深浅有差异。

腹部是白色的，背部是黑色的。天敌从水上方往下看，由于黑色的鱼背和河底淤泥同色，故难被发现；天敌若从水下方往上看，由于白色鱼肚和天空颜色差不多，故也难被发现；经常看到有些文章里形容清晨时分

"东方泛起了鱼肚白",就是这个道理,属于保护色。

产地、产季:全国各地水域常年均有生产,以2~4月份和8~12月份的鲫鱼最肥美。鲫鱼属鲤形目、鲤科、鲫属。江苏、浙江一带称河鲫鱼,东北称鲫瓜子,湖北称喜头鱼等。鲫鱼分布很广,除西部高原地区外,广泛分布于全国各地。鲫

◆美味鲫鱼

鱼的适应性非常强,不论是深水或浅水、流水或静水、高温水(32℃)或低温水(0℃)均能生存。即使在pH值为9的强碱性水域,盐度高达4.5‰的达里湖,它仍然能生长繁殖。

鲫鱼的生活习性

◆水草中的鲫鱼

鲫鱼是杂食性鱼,但成鱼主要以植物性食料为主:因为植物性饲料在水体中蕴藏丰富,品种繁多,供采食的面广。维管束水草的茎、叶、芽和果实都是鲫鱼爱食之物,在生有菱和藕的高等水生植物的水域,鲫鱼最能获得各种丰富的营养物质。硅藻和一些藻类也是鲫鱼的食物,小虾、蚯蚓、幼螺、昆虫等它们也很爱吃。

鲫鱼采食时间,依季节不同而不同:春季为采食旺季,昼夜均在不断地采食;夏季采食时间为早、晚和夜间;秋季全天采食;冬季则在中午前后采食。

生活在江河流动水里的鲫鱼,喜欢集群而行,有时顺水,有时逆水,到水草丰茂的浅滩,河湾,沟汊,芦苇丛中寻食、产卵;遇到水流缓慢或静止不动,具有丰富饵料的场所,它们就暂栖息下来。

知识窗

　　生活在湖泊和大型水库中的鲫鱼，也是择食而居。尤其在较浅的水生植物丛生地，更是它们的集中地，即使到了冬季，它们贪恋草根，多数也不游到无草的深水处过冬。

　　生活在小型河流和池塘中的鲫鱼，它们是遇流即行，无流即止，择食而居。冬季多潜入水底深处越冬。

鲫鱼的种类

◆彭泽鲫

◆淇河鲫

　　经过选育的我国地方优良鲫鱼品种有：

　　高背鲫：高背鲫鱼是20世纪70年代中期在云南滇池及其水系发展起来的一个优势种群，具有个体大、生长快、繁殖力强等特点，因背脊高耸而得名。个体最大3000克，亲水性强，不宜在内地饲养。

　　方正银鲫：方正银鲫原产于黑龙江省方正县双凤水库，是一个较好的银鲫品种。方正银鲫背部为黑灰色，体侧和腹部深银白色，最大个体重1500千克，一般在500～1000克左右。

　　彭泽鲫：彭泽鲫是由江西省水产科技人员选育出的一个优良鲫鱼品种，肉味鲜美、含肉率高、营养丰富。这种鱼体型丰满，易运输，易暂养，易上钩，利于活鱼上市，也是一种生产和游钓兼可发展的鱼类。

　　淇河鲫：淇河鲫因产于河南省北部一条东西流向的山区性河流淇河而得名。淇河常年不结冰，1～2月份时，水温仍在10℃以上，淇河河床两岸水

水中尽遨游

草丛生，优良的生态环境，为淇河鲫的生长、繁殖创造了良好条件。淇河鲫肉嫩味美，据古籍记载，淇河鲫和香稻米、丝蛋一起，是当地的三大贡品。

链接：杂交鲫鱼品种

1. 异育银鲫：它是以方正银鲫为母本，以兴国红鲤为父本，人工交配所得的子代。异育银鲫比普通鲫鱼生长快2～3倍，生活适应能力强，疾病少，成活率高，既能大水面放养，又能池塘养殖，是非常好的人工繁育品种。

◆大鲫鱼

◆湘云鲫

2. 杂交鲫鱼：以方正银鲫为母本，太湖野鲤为父本"杂交"而获得的子代。试养表明，它杂交优势明显，具有适应性强、生长快、个体大、食性广、病害少、肉味鲜美等优点，受到生产单位的普遍欢迎。适合于内塘、外荡、河浜以及湖泊围养，是一种经济效益和社会效益都较好的养殖新品种。

知识广播

湘云鲫、湘云鲤具有如下优良特性

1. 自身不能繁育，可在任何淡水渔业水域进行养殖，不会造成其他鲫鱼、鲤鱼品种资源混杂，也不会出现由于繁殖过量导致商品鱼质量的下降；
2. 生长速度快；
3. 杂食性，摄食力强，养殖成本低；
4. 成活率高，抗病力强；
5. 耐低温、耐低氧；
6. 体形美观、肉质鲜嫩、营养价值高。

"领先一步学科学"系列

动物惊奇

引进的鲫鱼品种：目前，中国引进的外来鲫鱼品种只有原产于日本琵琶湖的白鲫，是一种大型鲫鱼。白鲫适应性强，能在不良环境条件下生长和繁殖，对温度、水质变化、低溶氧量等均有较大的忍受力。最大个体在1000克左右。

最新鲫鱼品种：湘云鲫、湘云鲤是由湖南师范大学生命科学院刘筠院士为首的课题组，应用细胞工程技术和有性杂交相结合的方法，经过10多年的潜心研究培育出来的3倍体新型鱼类。

鲫鱼的营养价值

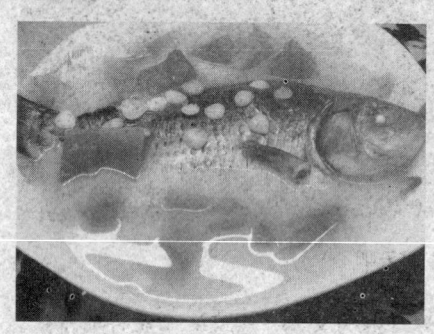

◆木瓜鲫鱼汤

鲫鱼为中国重要食用鱼类之一，肉质细嫩，肉味甜美，营养价值很高，含有蛋白质、脂肪、糖类、无机盐、维生素A、B族维生素、尼克酸等。适合各类人群食用，如常食，益体强身。

鲫鱼药用价值极高，医学认为，鲫鱼性味甘、温，能利水消肿、益气健脾，解毒，下乳。适用于脾胃虚弱，少食乏力，呕吐或腹泻；脾虚水肿，小便不利；气血虚弱，乳汁不通；便血，痔疮出血，臃肿，溃疡等。尤其是活鲫鱼氽汤在通乳方面有其他药物所不可比拟的功效。鲫鱼炖冬瓜，鲫鱼熬萝卜，不仅味道鲜美，而且可以祛病益寿，小的鲫鱼可做酥鱼。临床实践证明，鲫鱼肉对防治动脉硬化、高血压和冠心病均有疗效。

 小书屋

据分析，每100克鲫鱼肉含蛋白质13克，脂肪1.1克，糖0.1克，硫胺素6.6毫克，核黄素0.07毫克，尼克酸2.4毫克，钙54毫克，磷203毫克，铁2.5毫克。

水中尽遨游

动物界寿星——龟

你知道最长寿的动物是哪一种吗？答案就是龟。龟，俗称乌龟，泛指龟鳖目的所有成员，是现存古老的爬行动物。特征为身上长有非常坚固的甲壳，受袭击时龟可以把头、尾及四肢缩回龟壳内。大多数龟均为肉食性，以蠕虫、螺类、虾及小鱼等为食，亦食植物的茎叶。龟通常可以在陆上及水中生活，亦有长时间在海中生活的海龟。龟是长寿的动物，自然环境中有超过百年寿命的。

◆乌龟

乌龟简介

乌龟体为长椭圆形，壳略扁平，背腹甲固定而不可活动，背甲长10～15厘米、宽约15厘米，有3条纵向的隆起。头和颈侧面有黄色线状斑纹，前部皮肤光滑，后部有细鳞，四肢及裸露皮肤部分为灰黑色或黑橄榄色，腹甲平坦，四肢略扁平，指间和趾间均具全蹼。雄性体型较小，尾长，有臭味；雌性背甲由浅褐色到深褐色，腹甲棕黑色，尾较短，体无异味。中华草龟对环境的适应性强，水质条件要求比较低，对不良水质有较大的耐受性，高密度养殖时，有互相残杀现象，患病率低。

龟历来被东方人认为是营养滋补和防治疾病的极好食品。人们认为它是吉祥的象征、长寿的代表，吃龟肉、喝龟汤也会带来吉祥和长寿。这种

动物惊奇

观念虽无科学依据，却有文化传统的支持，仅《本草纲目》中就记录了15种龟类。加之一些商家受利益驱动，一味地渲染龟的食用、强身和医疗价值，让亚洲龟家族中越来越多的种群加入到濒危物种之列。

龟出现在石炭纪，与恐龙是同时代的动物。在白垩纪末期，许多有生命的肌体，包括

◆海洋里畅游的乌龟

恐龙在内都灭绝了，而龟得以生存下来。在漫长的世纪更迭中，由于地壳运动以及气候变化，分布在不同地区的龟，为了生存的需要，有的迁入大海，有的深居内陆，有的栖居江湖中。经过漫长的自然筛选，使得龟类家族繁衍成海龟、陆龟和水陆两栖龟。目前，世界上已知龟鳖的种类有240余种。

◆眼斑龟

水中尽遨游

知识窗

乌龟俗称草龟，是我国龟类中分布最广、数量最多的一种。它全身是宝，具有较高的食用、药用和观赏价值。在国际市场上，中华草龟也十分畅销。日本、菲律宾以及欧美各国人民将其视为象征"吉祥，延年益寿"之物。

小博士

龟与中国的文化有着极为密切的关系，早在新石器时代，古人已将龟视为护身之宝。殷商时期，人们将占卜的内容刻于龟板上，从而留下了"甲骨文"。

乌龟的生活习性

1. 水陆两栖性：龟属半水栖、半陆栖性爬行动物。主要栖息于江河、湖泊、水库、池塘及其他水域。白天多隐居水中，夏日炎热时，便成群地寻找荫凉处。性情温和，相互间无咬斗。遇到敌害或受惊吓时，便把头、四肢和尾缩入壳内。乌龟是用肺呼吸，体表又有角质发达的甲片，能减少水分蒸发。性成熟的乌龟将卵产在陆上，不需经过完全水生的阶段。

◆亲龟

2. 食物的广泛性：乌龟是杂食性动物，以动物性的昆虫、蠕虫、小鱼、虾、螺、蚌、植物性的嫩叶、浮萍、瓜皮、麦粒、稻谷、杂草种子等为食，其中最喜欢吃的食物是小鱼、蜗牛、玉米和稻谷。耐饥饿能力强，数月不食也不会饿死。

"领先一步学科学"系列

◆龟卵（人工孵化小乌龟）

3. 明显的阶段性：一是摄食阶段，4月下旬开始摄食，约占其体重的2‰～3‰；6～8月摄食量旺盛，约占体重5‰～6‰；10月摄食量下降，约占体重1‰～2‰。二是休眠阶段，乌龟是变温动物，其体温随着外界温度而变化。从11月到次年4月，气温在15℃以下时，乌龟潜入池底淤泥中或静卧于覆盖有稻草的松土中冬眠；当水温上升到15℃时，出穴活动，水温18℃～20℃开始摄食。5～10月，当一天中气温高于35℃时，乌龟食欲减退，进入夏眠阶段（短时间的午休）。这一阶段乌龟忙于发情交配、繁殖、摄食、积累营养，寻求越冬场所。

4. 群居性：乌龟喜集群穴居，有时因群居过多，背甲磨光滑、四肢磨破皮了仍不分散。

5. 繁殖：通常每年繁殖一次，雌性在陆地产卵，卵为白色、圆球形或椭球形，通常母龟用后腿挖洞，并将卵产于洞中。海产龟类能从数十里外返回原地交配产卵。

乌龟的分布范围及种类

龟分布于世界大部分地区，至少在2亿年前即以同样形式存在了。现存200～250种，多为水栖或半水栖，多数分布在热带或接近热带地区，也有许多见于温带地区。有些龟是陆栖，少数栖于海洋，其余生活于淡水中。

中国国内除东北、西北各省（区）及西藏自治区未见报道外，其余各地均有分布，但以长江中下游各省的产

◆小海龟爬向大海

水中尽遨游

量较高。中国常见的种类有乌龟。有时把龟鳖目的棱皮龟科、海龟科动物也统称为龟类动物。棱皮龟科、海龟科为大型或中型的海龟。龟类的寿命很长，有的可达300多年。常见的大型海龟种类有象龟，体长1.5米，重200千克，以可以载人爬行而著名。

 广角镜——龟类之最

龟类品种最多的国家：中国
世界上数量最多的龟：红耳龟
世界上数量最少的龟：云南闭壳龟
世界上最小的龟：果核泥龟
世界上最大的龟：太平洋棱皮海龟
最凶猛的龟：蛇鳄龟和大鳄龟
寿命最长的龟：加拉帕戈斯陆龟，能活200～300年
最温顺的龟：缅甸陆龟
寿命最短的龟：少数美国水龟包括西部锦龟、菱斑龟等，寿命10～15年。

龟可为人类提供肉、蛋和龟甲，有些种则被当做宠物。在英国，通常称非海龟类为陆龟；在美国，一些可食用的龟称为水龟。

全世界的现存种类被分为两个亚目，其中一种侧颈龟亚目，颈部弯向一侧

◆绿海龟

动物惊奇

将头缩入壳中，侧颈龟类现仅分布于南美洲、非洲、马达加斯加岛、澳大利亚、新几内亚和邻近岛屿。而另一种隐颈龟亚目，头和颈一同缩入壳中，隐颈龟类见于除澳大利亚外的所有大陆，包括现存龟种的约五分之四。

隐颈龟亚目的最大科是水龟科，包括现存种的约三分之一，地理分布范围与全部亚目的范围相当。多分布在美国东半部，多为水栖或半水栖。其次是龟科，其种类约为水龟科的一半。寓言中迟钝、缓慢的龟即属于分布广泛的陆龟种群，其中的大型种仅见于加拉帕戈斯群岛和其他海岛。隐颈龟类的其他科有泥龟科、海龟科，见于全世界温暖海水中；鳄龟科，体型大，并具有攻击性，常见于北美洲。

乌龟繁殖率低且生长较慢，一只500克左右的乌龟经一年饲养仅增重100克左右。但乌龟的耐饥能力较强，即使断食数月也不易被饿死，抗病力亦强，且成活率高。所以乌龟是较易人工饲养的动物。

乌龟的价值

食用价值：俗话说乌龟全身都是宝，龟肉、龟卵味道极其鲜美，蛋白质含量丰富。"龟身五花肉"即是指龟肉含有牛、羊、猪、鸡、鱼等多种动物肉的营养和味道，特别是以龟肉为主要原料配制而成的各种龟肉羹，已成为现时宴席上的高级名肴之一。

药用价值：李时珍曰："介虫三百六十，而龟为之首。龟，介虫之灵长者也"。龟甲、龟板为传统的名贵药材，它富含骨胶原和蛋白质、钙、磷、脂类、肽类和多种酶。据中医临床研究证实，龟板气腥、味咸、性寒，具有滋阴降火、潜阳退蒸、补肾健骨等功效。

观赏价值：龟类长寿，有灵性，且品种繁多，颜色多变，形态各异，因而深受人们的喜爱。日本人常将一对小金龟放在精致的盒子里作为祝寿礼物，我国民间有"千年乌龟，万年王八"一说，因此，人们常把乌龟当作长寿的标志，在公园、寺庙及观光场所，乌龟成了供人们观赏的动物。

科研价值：龟为变温动物，体温一般比气温低，天将下雨时其背甲会有凝

水中尽遨游

结的水珠或显得很潮湿，可为气象预测提供一些物象。一般而言，死亡和心脏的停止跳动是密切相关的，而龟的离体心脏竟能在体外搏动2天之久。龟的寿命长达几百年，细胞研究发现，动物的成纤细胞繁殖代数与动物寿命呈正相关。龟的成纤细胞体外培养高达117年代数，而人只达50年代数。龟通人性，有灵气，被放生的龟，能重返放生主人家。龟的长寿因子，活性物质的研究，抗癌保健药品的研制，都是当前进一步研究和探索的内容。

 科技文件夹

现代龟在保留祖先特征方面，从原始到高等依次顺序为：侧颈龟科—蛇颈龟科—鳄龟科—动胸龟科—平胸龟科—泥龟科—龟科淡水龟亚科—陆龟科—龟科龟亚科—海龟科—两爪鳖科—棱皮龟科—鳖科。

 动物惊奇

海洋霸王——鲨鱼

◆鲨鱼

提起鲨鱼你有什么感觉呢？鲨鱼号称"海中狼"，食肉成性，凶猛异常。它那食饵时的贪婪凶残本性，给人们留下了可怕的印象。因此，一提起鲨鱼，人们往往会有谈虎色变之感。鲨鱼捕猎本领更比老虎高出一等，它可充分利用自己独特的嗅觉，探测食物存在的方向和位置，而老虎主要是用眼睛和鼻子寻找食物。

鲨鱼简介

鲨鱼是板鳃类鱼的通称，这是一类古老的鱼种，在侏罗纪时已经形成现代类型的鲨鱼，鲨鱼身体无鳞，鳃裂有5~7个。包括5个目20个科，分布在世界各地温带和热带的海洋，一般鲨鱼在20℃以下的水温中就不太有活力。鲨鱼都是通过体内受精繁殖，有胎生、卵胎生或卵生。

◆正在进行攻击的鲨鱼

◆虎纹鲨

水中尽遨游

鲨鱼身体坚硬，肌肉发达，不同程度上呈纺锤形。口鼻部分因种类而异：有尖的，例如灰鲭鲨和大白鲨；也有大而圆的，例如虎纹鲨和宽虎纹鲨的头呈扁平状。垂直向上的尾（尾鳍），大致呈新月形，大部分种类的尾鳍的上部远远大于下部。鲨鱼属于软骨鱼类，体内没有鱼鳔，调节沉浮主要靠它很大的肝脏。

鲨鱼的生活习性

1. 捕食：鲨鱼生活以及捕食都在海洋深处，多数时候它们在海底觅食，但是饥饿的鲨鱼会随鱼群一起翻上水面进入浅水区，所以当鲨鱼在浅水区域出现时，情况可能相当危险。鲨鱼一般只吃活食，有时也吃腐肉，食物以鱼类为主，通常以鱼类、鱿鱼、蟹和其他海洋生物为食，但是同时乐于搜寻容易到手的食物，特别是鱼群中的迷失者或受伤的生物。鲨鱼也会追逐船舶吞食船中抛出的垃圾。

◆鲨鱼围攻沙丁鱼群

鲨鱼的习惯进食时间是夜晚、黄昏和黎明时分。它的小眼睛视力有限，在水中主要通过嗅觉和身体摆动确定目标的位置，对血液和身体的排泄物如大小便相当敏感，微弱而急促的运动也易引起鲨鱼的注意，因为这暗示着这一目标易于攻击或已经受伤，强有力地规则地发出很大声响的动作可能会使鲨鱼心悸而犹豫观望。鲨鱼不会在运动中突然停下，也不能敏捷变向，一个优秀的游泳者可以通过快速变向与单个大鲨鱼周旋。

鲨鱼曾被视为癌症的绝缘体，其软骨粉被宣传为治癌良药。

2. 游动：鲨鱼游泳时主要是靠身体，像蛇一样的运动并配合尾鳍像橹一样的摆动向前推进。稳定和控制主要是运用多少有些垂直的背鳍和水平调度的胸鳍。鲨鱼多数不能倒退，因此它很容易陷入像刺网这样的障碍

 动 物 惊 奇

◆古代的一种深海鲨鱼

中,而且一旦陷入就难以自拔。鲨鱼没有鳔,所以这类动物的比重主要由肝脏储藏的油脂量来调节。鲨鱼密度比水稍大,也就是说,如果它们不积极游动,就会沉到海底;它们游得很快,但只能在短时间内保持高速。

3. 呼吸:鲨鱼每侧有5～7个鳃裂(不像我们平常从集市买来的鱼,有一对鳃盖护着鱼鳃),在游动时海水通过半开的口吸入,从鳃裂流出,进行气体交换。

4. 睡眠:以前,大家都普遍认为鲨鱼从不睡觉。白鳍鲨、虎鲨和大白鲨其实是睡觉的,它们是白天睡觉,晚上出来活动。其他种类如护士鲨通过气孔,迫使水通过鳃,提供稳定的富氧水,让它们在静止或睡眠不动时可以呼吸。因为鱼没有眼睑,所以无法判断鲨鱼是否在睡觉。

 开心驿站

鲨鱼虽然号称海中之霸,但是在大自然中,动物之间是相互依存又是相互制约的,即一物降一物。凶狠的鲨鱼也害怕一种叫"逆戟鲸"的海洋哺乳动物。

 链　接

大白鲨体型最大,但身体大小并不代表其危险性和攻击的可能性,比人类更小的鲨鱼仍能致人死命。姥鲨和鲸鲨有13.3米长,但它们仅以微小的浮游生物为生,所以并不构成危险。

鲨鱼的特点

神奇莫测的嗅觉

人们对鲨鱼存有较大的偏见,认为它是那么的原始和愚笨,其实,鲨鱼不但具有高度发达的脑子,能借助电磁场导航,可将信息储存在大脑的中心部位,而且可直接把信息发送到运动神经系统;并且凭借敏感的嗅觉维持全部生命活动。因此,嗅觉对鲨鱼

◆电影里的魔鬼鲨

更显得十分重要而神奇莫测。鲨鱼在海水中对气味特别敏感,尤其血腥味,伤病的鱼类不规则的游弋所发出的低频率振动或者少量出血,都可以把它从远处招来,甚至能超过陆地狗的嗅觉。更有趣的是,鲨鱼还能根据各种气味来判别自己的孩子,区别敌人和朋友,使自己经常保持与群体的联系,并能使雌雄鲨鱼相约去产卵和排精。由于鲨鱼的嗅觉极为灵敏.非常容易嗅出它们害怕或厌恶的气味。在海水中含量仅为 800 亿分之一的一种人体分泌物——左旋羟基丙氨酸的气味,鲨鱼也可嗅出来。

独特的牙齿

鲨鱼的牙齿像一把锋利的尖刀,能轻而易举地咬断手指般粗的电缆。如魔鬼鲨,有着长而尖的鼻吻以及锐利的牙齿。不同种类的鲨鱼,它的牙齿大小、形状和功能几乎都不相同。因此,鱼类学家只要从鲨鱼牙齿的形状和大小,就能判别出它是属于哪个目、属、科。

> 海洋中的鲨鱼都有能力捕食人类,但由于热带海域食物丰富,这里的鲨鱼并不凶残,通常较为懦弱,用棍棒一戳就能将其惊走,特别是戳它敏感的鼻子。

令人惊讶的是鲨鱼的牙齿不是像海洋里其他动物那样恒固的一排,而是5～6排，除最外排的牙齿能真正起到牙齿的功能外，其余几排都是"仰卧"着备用，就好像屋顶上的瓦片一样彼此覆盖着，一旦最外一排的牙齿有一个发生脱落时，在里面一排的一个牙齿马上就会向前面移动，用来补足并取代脱落牙齿的空穴位置。同时，鲨鱼在生长过程中较大的牙齿还要不断取代小牙齿。因此，鲨鱼在一生中常常要更换数以万计的牙齿。据统计，一条鲨鱼，在10年以内竟要换掉2万余只牙齿。它的牙齿不仅强劲有力，而且锋利无比。

相互抢食

可怕的是当鲨鱼在相互抢食时，它们常常就会不分青红皂白，甚至连自己亲生的孩子——鲨仔，也不放过，吃得一干二净；当一条鲨鱼被其他鲨鱼所误伤而挣扎的时候，这头伤鲨就该倒霉了，其他同宗族的兄弟也同样会群起而攻之，直至将其完全吞食完毕为止。还有更加恐怖的是，鲨鱼由于是胎生的，一胎可产10余条鲨仔，最高可达80余条之多，这些鲨仔在娘胎里竟也互相残杀，人们曾对大西洋海岸发现的一条已死亡的怀孕虎鲨，作了解剖得出这一结论：娘胎成了战场，这在任何动物中都是未曾见过的先例。

◆虎鲨正在试图吞食鲸鱼

◆公牛鲨

鲨鱼的主要种类

鲨鱼的种类很多，目前已能分辨出的鲨鱼种类至少有344种，根据拉斯分类系统分为：六鳃鲨目、鼠鲨目、虎鲨目、真鲨目、角鲨目、锯鲨目、扁鲨目、须鲨目。

水中尽遨游

三种最危险、最富攻击性的鲨鱼：大白鲨、虎鲨和公牛鲨。下面几个原因使它们成为最致命的鲨鱼种类：它们的分布区域很广；它们的个头足够大，以致人类可能成为它们眼中的猎物；它们非常强壮，只需一口就可以造成致命的伤害；它们处于食物链的顶端，也就是说它们从本能上是无所畏惧的。

◆大白鲨

不过，其他种类的鲨鱼也并非完全无害。虎头鲨、槌头双髻鲨和灰鲭鲨也制造过一些袭击事件。大约有三分之一的鲨鱼袭击事件是由一些知名度较低的种类造成的，如黑尾礁鲨、铰口鲨和各种礁鲨。总体来看，公牛鲨大概是最危险的鲨鱼种类，因为它们都采取积极的攻击方式，而且喜欢生活在较浅的沿海水域。

大白鲨所享有的盛名和威名举世无双，作为大型的海洋肉食动物之一，大白鲨有着独特冷艳的色泽、乌黑的眼睛、凶恶的牙齿和双颚，这不仅让它成为世界上最易于辨认的鲨鱼，也让它成为几十年来极具装饰性的封面"人物"。

小书屋

仅有非常少的几种鲨鱼被认为对人类有危险。以下6种鲨鱼是大多数攻击事件的罪魁祸首：大白鲨、槌头双髻鲨、雄鲸、灰色角鲨、鼬鲨、灰鲭鲨。

 动物惊奇

海洋我最大——鲸

你亲眼见过世界上最大的动物吗？鲸是生活在海洋中的哺乳动物，是现在世界上动物中体型最大的，是生活在海洋里的"航空母舰"。鲸的祖先和牛羊的祖先一样，生活在陆地上，后来环境发生了变化，鲸的祖先生活在浅海里。又经过了很长很长的年代，鲸的整个身体进化成了鱼的样子，适应了海洋的生活，千万不要误以为鲸是鱼类哦。

◆跃出水面的鲸

鲸的简介

◆抹香鲸

鲸，俗称"鲸鱼"，是一种哺乳动物，胎生，通常每胎产一仔，以乳汁哺育幼鲸，它们一般以浮游动物、软体动物和鱼类为食。鲸是终生生活在水中的哺乳动物，对水的依赖程度很大，以致它们一旦离开了水便无法生活。鲸形状像鱼，呈梭形，头部大，眼小，耳壳完全退化，有齿或无齿，鼻孔在头的上部，用肺呼吸，多数种类背上有鳍；尾呈水平鳍状，是主要的运动器官。成体全身无毛（有许多种类只在嘴边尚保存一些毛）。皮肤下有一层厚的脂肪，可以保温和减小身体的比重。体长可达 30 米，是现在世界上最大的动物。

水中尽遨游

◆露出水面喷水呼吸的鲸

鲸为适应水中生活,减少阻力,它们的后肢消失,前肢变成划水的桨板呈鳍状。它们的潜水能力很强,在水面吸气后即潜入水中,可以潜泳10～45分钟。分布在世界各海洋中。海豚(小型齿鲸)可潜至100～300米的水深处,停留4～5分钟;长须鲸可潜至水下300～500米处,呆上1小时;最大的齿鲸——抹香鲸能潜至千米以下,并在水中持续2小时之久。

生活习惯

◆布氏鲸捕食沙丁鱼

觅食:南大洋的鲸主要以磷虾为食,也吞食一些桡足类等甲壳类浮游动物。滤食性须鲸,从亚热带和温带迁徙到南极,在南极水域饱食美餐,寻偶交配。在此期间,有些种群能积累全身脂肪量的50%。须鲸在亚热带很少吃东西,在南极积累的脂肪用来提供它一年中其他时间所需要的能量。齿鲸类的抹香鲸是以食乌贼和鱼类为主。鲸的胃口很大,一头蓝鲸一天能吃8～10吨磷虾。蓝鲸口腔的容积达5立方米,张口时大量的磷虾和海水一起涌进,闭口时,把海水从唇须缝中挤出,滤出的磷虾一口吞下。

呼吸:"喷泉式"呼吸方式,是鲸特有的生活习性。它们需要不断地浮出水面呼吸空气。有时我们在海面上可以见到鲸呼气时喷出的一股股白色雾柱,有的高达10余米,状如喷泉,十分壮

研究表明,鲸类王国中的"语言大师"虎鲸能发出62种不同的声音,而且不同声音具有不同的含义。

"领先一步学科学"系列

 动物惊奇

观。鲸在水下生活期间，紧闭鼻孔，露出水面呼吸时，鼻孔张开，凭借肺部的压力和肌肉的收缩，喷出一股白花花的水柱，并伴随一阵汽笛般的叫声。所以喷水柱的高度和形状是鉴别不同鲸种的标志。据此，有经验的捕鲸者，可以迅速地判断鲸的种类及其大小和距离的远近。

繁殖：鲸很多是在南极之外繁殖，一般每年一次，每胎产一仔，胎内发育。怀孕期一般为9～12个月，蓝鲸为12个月，抹香鲸的怀孕期长达16个月。仔鲸的生长速度很快。

家庭：多数鲸类成群的习性不很显著，唯独抹香鲸有组织小家庭的习惯，其成员往往是雌鲸、幼仔和雄鲸各一头，但其周围也常有成年的雄鲸伴随，伺机而动，争夺妻妾。抹香鲸往往是一夫多妻。

迁徙：迁徙生活是鲸的共同习性，像鱼类的洄游，候鸟的迁徙一样，不过时间、季节和地点各不相同罢了。迁徙是鲸的一种本能，也是生存所迫。

 知识广播

鲸是胎生哺乳动物，不是鱼。小鲸要吃一年的母乳才能发育成熟，鱼类则是卵生的脊椎动物。亲鱼一般没有照顾小鱼的习性。鲸的"鳍"其实是由四肢演化来的，而鱼类则不是。鲸用肺呼吸，鱼用鳃呼吸。鲸是恒温动物，而鱼是变温动物。不能用是否有鱼鳞来区别鲸和鱼，因为很多鱼类也是没有鱼鳞的。

鲸的主要种类

就整个海兽类而言，鲸的种类最多，全世界有80余种，我国海域有30多种，数量也最可观。一般都将它们分为两类。

须鲸类：口中没有牙齿只有须的，叫作须鲸。事实上这些胡须是长在嘴内的折角形齿片，用于过滤水和捕捉鲸所食用的虾和其他小动物，这些齿片就代替了牙齿。

齿鲸类：口中无须而一直保留牙齿的，叫作齿鲸。齿鲸的种类较多，除抹香鲸外，其余身体一般都较小。如：抹香鲸、逆戟鲸（又名虎鲸、杀

人鲸)、海豚、鼠海豚(小型海豚),它们的齿非常锋利。

蓝鲸:蓝鲸是世界上最大的哺乳动物。它身长可达 30 米左右,平均体重 150 吨,相当于 33 头大象或 300 多头黄牛的体重,它的一条舌头就有 4000 千克重,一张嘴就有 10 个成年人自由进出的宽度。它的力气也无比巨大,能拽行 588 千瓦的机动船,是地球上有史以来曾出现过的最大动物。蓝鲸浑身是宝,它的脂肪可制肥皂,鲸肉营养丰富,鲸骨可提炼胶水,鲸肝含有大量维生素,血和内脏器官又是优质肥料。

◆蓝鲸和海豚嬉戏

抹香鲸:抹香鲸是世界上最大的齿鲸。它们在所有鲸类中潜得最深、最久,因此号称为海兽中的"潜水冠军"。

◆抹香鲸在澳大利亚搁浅

抹香鲸体长 18～25 米,体重 20～25 吨。头极大,占体长四分之一～三分之一,前端钝,所以又称为巨头鲸,也称真甲鲸,它的身体背面为暗黑色,腹面为银灰或白色,身体粗短,行动缓慢笨拙,易于捕杀。上

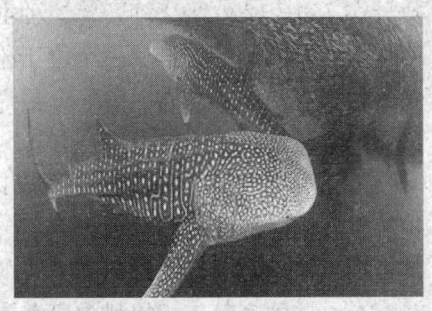
◆深海里的抹香鲸

颌和吻部呈方桶形,下颌较细而薄,前窄后宽,与上颌极不相称。有 20～28 对圆锥形的狭长大齿,每枚齿的直径可达 10 厘米,长约 20 多厘米。喷水孔在头部前端左侧,只与左鼻孔通连,右鼻孔阻塞,但与肺相通,可作为空气储存箱使用,呼吸时喷出的雾柱以 45 度角向左前方倾斜。

常结成少至 5～20 只、多至 200～300 只的群体。性凶猛,主食大型乌贼、章鱼,也吃鱼类。繁殖期有激烈的争雌行为。妊娠期 12～16 个月。每胎仅产 1 仔,偶见 2 仔,幼仔体长 4～5 米,哺乳期 1～2 年,7～8 岁时成

熟，最长寿命可达75年。

 科技文件夹

　　大部分鲸是利用超声来定位的。生活在水中的齿鲸类（包括淡水豚类和海豚）也能进行回声定位。一旦声纳系统出现故障或因某些原因无法正常回声定位，则齿鲸会出现搁浅死亡的悲剧。加上鲸的种群行为，高度的友爱行为，鲸群的其他成员会奋不顾身地冲到浅滩救援搁浅的同伴，导致集体搁浅"自杀"的悲惨事件发生。

<h3 style="text-align:center">鲸分布在哪里？</h3>

　　鲸在世界上的分布，以南极海域数量为最多，主要是在水温5℃～20℃的温带和寒带冷水域，有少数鲸曾来游于黄海和台湾海域。禁止捕鲸以来，全球鲸的数量基本保持不变，大概3000～4000头。南大洋鲸种群的数量在750～1200头之间，对该种群迁移的方式还没有很好了解。在北大西洋生活着两个鲸种群。一个位于格陵兰、纽芬兰、新斯科舍和圣劳伦斯湾。估计有500头左右。另一个更靠东，蓝鲸还出现在更远的斯瓦尔巴群岛和扬马延岛。

　　由于人类的捕杀，目前全世界13种鲸中已有至少5种濒临灭绝。为保护鲸类，国际捕鲸委员会自1986年起禁止商业捕鲸活动，但1987年这一禁令出现松动，允许"以研究为目的"的限量捕鲸活动。尽管遭到广泛反对，有一些国家每年仍以科学研究为名大量捕杀鲸类。

水中尽遨游

最聪明的海洋生物——海豚

你见过海豚表演吗？海豚属哺乳纲、鲸目、齿鲸亚目，海豚科，共有62种，分布在世界各大洋。体长1.2～4.2米，体重23～225千克。海豚一般嘴尖，上下颌各有约101颗尖细的牙齿，主要以小鱼、乌贼、虾、蟹为食。海豚喜欢过"集体"生活，少则几头，多则几百头。海豚非常聪明，经过训练能表演很多高难度的节目，是海洋公园里最受欢迎的动物"明星演员"呢。

◆海豚

海豚简介

◆海豚表演

海豚是一种本领超群、聪明伶俐的海中哺乳动物。经过训练，海豚能打乒乓球、跳火圈等。除人以外，海豚的大脑是动物中最发达的，人的大脑占本人体重的2.1%，海豚的大脑占它体重的1.7%。海豚的大脑由完全隔开的两部分组成，当其中一部分工作时，另一部分充分休息，因此，可终生不眠。

海豚是靠回声定位来判断目标的远近、方向、位置、形状，甚至物体的性质。有人做过试验，把海豚的眼睛蒙上，把水搅浑，它们也能迅速、准确地追到扔

"领先一步学科学"系列

动物惊奇

给它的食物。海豚不但有惊人的听觉，还有高超的游泳和异乎寻常的潜水本领。据测验，海豚的潜水记录是 300 米深，而人不穿潜水衣，只能下潜 20 米。至于它的游泳速度，更是人类比不上的。海豚是用尾鳍上下拍动水面而游动的，一双前鳍是帮助它们改变游动的方向，背鳍帮助它们稳定身体，而海豚的流线型身体，可减小它们在水中的阻力，令它们可以维持每小时 30 千米的游泳速度，相当于鱼雷快艇的中等速度。

与海豚一起潜水就会发现，海豚是相当"聒噪"的动物。根据录音调查记录显示，海豚使用频率在 200～350 千赫以上的超声波的喊叫声进行"回音定位"，而人类的听觉范围介于 16～20 千赫之间，人类无法听到海豚回声定位所发出的超声波。因此，我们在水中听到的海豚叫声，可能是海豚同类间互通消息所使用的部分低频声音。

在鲸类王国里，要数海豚家族——海豚科的种类最多了，全世界已知共有 30 多种。有的种类虽然名字叫"鲸"，如虎鲸、伪虎鲸，其实也是海豚家族中的成员。

链 接

尽管海豚的脸上永远挂着满足的笑容，但它们却具有令人惊奇的好斗本性。但如此好斗的海豚也喜欢和解。美国的研究人员在研究动物园中的宽吻海豚小群体的过程中发现，在打斗之后，敌对双方会轻轻摩擦或进行接触式游泳，此过程中，一只海豚拽着另一只海豚游过水池。

海豚的生存行为

捕食：海豚最喜欢吃鱼及鱿鱼，每天吃的分量约是体重的 4%～8%；它们体重约 200 千克，所以每天进食约 15 千克的食物。在海中，海豚会用吻部的牙齿捕捉猎物，它们有约 200 颗牙齿，但它

海豚既不像森林中胆小的动物见人就逃，也不像深山老林中的猛兽张牙舞爪，它总是温顺可亲，对待人类非常友好。

水中尽遨游

◆霍氏海豚

◆灰海豚

们不会咀嚼，而是把整条鱼吞下。海豚虽然生活在大海中，身体所需的水分却不是来自海水，而是完全仰赖所吃的鱼体内的水分，它们只要超过3天不吃鱼，便会失水而死。由于海豚在海里吃惯了活鱼，被人饲养时它吃不惯死鱼。

睡眠：海豚没有规定的睡眠时间，它们可以在白天，或在晚上睡觉。它们睡觉时，通常会浮近水面，而且只会休息其中一边的脑，而另一边则继续运作，因为在海洋中，若它们处于熟睡状态便会很容易受到敌人的侵袭，而不能逃脱。

语言与声纳系统：海豚是利用高频率波联络同伴的，它们可发出32种音，每头海豚都有属于自己的特别叫声，用来辨出身份。海豚属于鲸目齿鲸亚目。凡是鲸类都具有声纳系统，其中以海豚最精密，能利用声波分毫不差地测出附近物体的形状、材料、位置，全部过程只需2秒钟。

如果我们试着在水中张开眼睛，看得到的东西并不多；但只要具备一对特殊的耳朵，在海里却能听得很清楚。海豚和它的近亲鲸类一样，一天到晚不停地发出怪声，声音可以传到好几千米远，这就是海豚的语言。虽然很复杂，但能达到很好的沟通效果，用此方法它们可以告知同伴或发出求救的信号，而且也靠这种声纳系统猎捕食物，如鱼类、乌贼等。但有时因碰到沙滩，超音波误导，而被困在海滩上，导致生命危险。

呼吸：海豚可以长时间潜在海里。海豚和鲸一样均是用头顶的气孔呼吸，它们会游出水面呼气。海豚是一种靠肺来呼吸的动

> 海豚一般指鲸目齿鲸亚目海豚科成员，白鳍豚是河豚科的，严格来说不是海豚。

"领先一步学科学"系列

动物惊奇

◆黑海豚

物,它们的肺部是特别构造的,可迅速减压,使它们可以潜至水深30多米的地方,它们长期生活在海水中,已适应这种环境,身体内的肌肉和血液经过体内生物化学反应,能释放出氧气,保证呼吸需要。所以,海豚长时间潜在海里也不会闷死。

悲壮葬礼:海豚特别珍重死去同伴的尸体,绝不允许其他海洋动物撕咬吞噬。当同伴死后,会有几十上百的海豚簇拥着它的尸体,像守灵一样长达10多天,直到尸体开始腐烂而不会被其他海兽啃啮为止。

海豚的智商

海豚能做出各种难度较高的杂技表演动作,是一类智力发达、非常聪明的海中动物。海豚救落水人的故事,我们听了很多很多,海豚与人玩耍、嬉戏的报道也常有所闻,有的故事甚至成为轰动一时的新闻。经过学习训练的海豚,甚至能模仿某些人的话音。海豚的大脑体积、质量也是动物界中数一数二的。目前,科学家对

◆粉海豚

动物的智力有两种不同的见解:一种认为黑猩猩是一切动物中最进化、最能干的;另一种却认为海豚的智力和学习能力与猿差不多,甚至还要高一些。

海豚实际上的智力情况如何呢?根据观察野生海豚的行为,以及海豚表演杂技时与人类沟通的情形推测,海豚的适应及学习能力都很强;目前尚无法证明海豚运用语言或符号进行抽象式的思考。不过即使没有科学上的确凿证据,也不能就此认为海豚没有抽象思考能力。

水中尽遨游

 小知识

20世纪70年代，美国的三位科学家，让两头海豚学会了25个单词。最近，太平洋海洋基金会的欧文斯博士等4位科学家，对两头海豚进行训练，花了3年时间，教会它们700个英文词汇。不过有些科学家认为，不能把动物的"语言"或"方言"描绘得太离奇。

海豚的本能行为

海豚护幼奋不顾身：母海豚如果不幸小产，为了让没有行动能力的小海豚呼吸，它会拼命地用自己的吻部将小海豚推向水面，并不断地重复这些动作，甚至停止觅食达两天之久。据水族馆的人士说，一旦小海豚死去，母海豚会奋不顾身地设法让小海豚复生，但如果持续的时间太久情形严重时，连母海豚也可以因衰竭而死亡。所以，必须尽快将小海豚的尸体打捞起来，也许这样做会避免母海豚过分伤心，使其恢复体力。不过，工作人员要清除死亡的小海豚并非易事，母海豚会护着小海豚尸体避开船只，与工作人员展开耐力比赛。母海豚是否知道小海豚已经死亡？还是因为觉得小海豚可怜，而拼命想把小海豚推向水面？抑或只是出于一种动物的本能？也许海豚确实具有某些人类所无法了解的理性，详细情况目前尚不清楚。

◆海豚和幼仔

◆高高跃出海面的海豚

海豚救援遇难同类：古代希腊曾经流传着海豚搭救溺水者的故事：有

动物惊奇

◆成群的海豚在浅海嬉戏

一次希腊著名的抒情诗人和音乐家阿莱昂参加由一位意大利富商举办的音乐大赛，结果赢得了巨额奖金。他携带这笔财富乘船返回希腊科林斯，不料途中却引起船员们眼红，欲将他杀害。他临死之前要求再能演奏一曲，美妙的音乐引来了一大群海豚，阿莱昂纵身跳入海中，海豚将他负在身上，游至安全的地方，阿莱昂因此脱险。这个故事说明，在古代人类与海豚之间的关系相当良好。

研究人员在太平洋进行海豚生态调查时，曾观察到一条不幸被鱼叉击中而呈昏迷状态的海豚，在其附近，游来另一条海豚，并不断地把受伤的同类推向水面，它发出的声音，仿佛在唤醒处于昏迷状态的受伤海豚。

识别敌友：研究人员在调查野生海豚时发现，通常一开始海豚都不愿意靠近人，似乎意识到陌生物体的存在。但当察觉人类并无敌意后，海豚的戒备之心逐渐下降，甚至可游近到伸手可及的距离，它们会一边摇动头部，一边观察人。意大利南部夏科湾附近，每天都有10多条大西洋瓶鼻海豚游向海滩。这些海豚对人类的骚扰似乎并不介意，而且已习惯人类用手给它们的食物和鱼饵。因此，即使是野生海豚，若有适当的机会，也会与人类和睦相处。

知识窗

海豚常成群在海上跳跃，这是海豚的一种点名式，表示"出发了"和"回家"两种信号；而且如果它们保持一定速度和规律跳跃前进，还可以减少水的阻力！

水中尽遨游

冷血杀手——鳄鱼

你见过鳄鱼吗,觉得它们长相如何呢?鳄鱼入水能游,登陆能爬,体胖力大,被称为"爬虫类之王"。鳄鱼是迄今发现活着的最早和最原始的爬行动物,它是在三叠纪至白垩纪的中生代(约2亿年以前)由两栖类进化而来,延续至今仍是半水栖且生性凶猛的爬行动物。鳄鱼和恐龙是同时代的动物,不管是环境的影响,还是自身的原因,恐龙已灭绝,成为化石,鳄鱼的存在则证明了它生命的强有力。

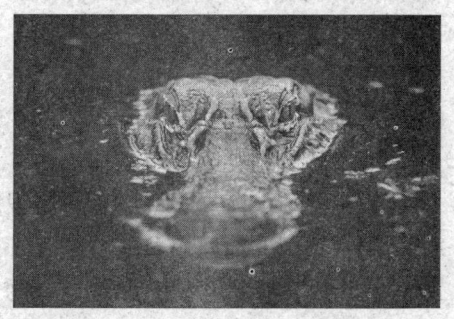
◆鳄鱼

鳄鱼简介

◆鳄鱼群

鳄鱼是鳄目所有爬行动物的统称,鳄鱼不是鱼,属脊椎动物爬行虫纲。鳄鱼是冷血卵生动物,长久以来的改变甚少,是水中或水陆的猎食者及清道夫。通常为体型巨大、笨重的爬行动物,外表上和蜥蜴稍类似,其性情大都凶猛暴戾,咀嚼力强,能碎裂硬甲,属肉食性动物,主要以鱼类、虾、水禽、野兔、蛙等为食,甚至噬杀人畜。鳄鱼全身长满角质鳞片,嘴里长着许多尖牙,长长的尾巴呈侧扁形,四肢短,前肢5趾,后肢4趾且趾间有蹼。成年鳄鱼

"领先一步学科学"系列

77

动物惊奇

经常在水下，只有眼鼻露出水面。它们耳目灵敏，受惊立即下沉。午后多浮水晒日，夜间目光明亮。它以肺呼吸，由于体内氨基酸链的结构，使之供氧储氧能力较强，因而具有长寿的特征。鳄鱼一般寿命达70～80岁，长的可达100多岁，是爬行动物中寿命很长的。据考古发现鳄鱼最大体长达12米，重约10吨，但大部分种类鳄鱼平均体长约6米，重约1吨。分布在热带到亚热带的河川、湖泊、海岸中。鳄鱼科属很多，现存的鳄鱼类共有23种，中国的扬子鳄、泰国的湾鳄以及逻罗鳄等都是较有名的品种。鳄鱼之所以引起特别关注乃因其在进化史上的地位：鳄是现存生物中与史前时代似恐龙的爬虫类动物相联结的最后纽带。同时，鳄又是鸟类现存的最近亲缘种。4个亚目中有3个已经灭绝，大量的各种鳄化石已被发现；根据这些广泛的化石纪录，有可能建立起鳄和其他脊椎动物间的明确关系。

◆鳄鱼雏

鳄鱼的特征及习性

◆扬子鳄

生活环境：栖息在淡海水中（河湾和海湾交叉口处）。鳄鱼除少数生活在温带地区外，大多生活在热带亚热带地区的河流、湖泊和多水的沼泽，也有的生活在靠近海岸的浅滩中。它脸长、嘴长，有所谓"世上之王，莫如鳄鱼"之说。

生长繁殖：在淡水江河边的林荫丘陵营巢，它们用尾巴扫出一个直径为7～8米的平台，台上建有直径3米的安放鳄卵的巢，巢距河约4米，以树叶丛荫构成，每巢有白色硬壳卵50枚左右，大小约80毫米×55毫米；母鳄鱼守候在巢侧，时时甩尾巴洒水湿巢，保持 30℃～33℃ 温度，75～90 天孵化；雏鳄出壳长 240 毫米，1 年可长到 480 毫米，3 年可达 1156 毫米，重 5.2 千克。鳄鱼 5～6 月交配，7～8 月产卵。雄鳄独占领域，驱斗闯入者，一雄拥群雌。

孵化：鳄鱼的卵是利用太阳热和杂草受湿发酵的热量进行孵化的。幼鳄的性别由孵化的温度决定，但母鳄会平衡所产儿女的比例。它们会把所有的巢建在温度较高的向阳坡，有的巢建在温度较低的低凹遮蔽处。

冬眠：扬子鳄有冬眠的习惯。气温到 0℃ 以下，就会进入冬眠。冬眠的时间从 10 月下旬开始，到次年 5 月，冬眠时间有半年之久。冬眠洞穴距地面两米深，洞内构造复杂，扬子鳄冬眠处的温度有 10℃ 左右。在刚开始冬眠和即将结束冬眠时，入眠不深，受到刺激会有反应；中间这段时间较长，入眠程度也很深沉，看不到呼吸现象，就像死了一样。刚刚从冬眠中苏醒过来的扬子鳄，首先要全力以赴去觅食，体力充分恢复后就开始寻找配偶。它们以呼叫声作为信号，在百米之外可听到雄鳄洪亮的叫声和雌鳄较为低沉的叫声，然后逐渐靠拢到一起。

鳄鱼的眼泪：鳄鱼生性凶残，但它在吃其他动物时，却一边吃一边眨着灰蓝的眼睛流泪哭泣。其实，这并不表示它在伤心，鳄鱼流眼泪是正常的生理现象，并无感情色彩，而是在排除身体里面多余的盐分。生活在海里的鳄鱼常会喝进大量海水，体内积蓄了不少盐分。长期积累会对身体有害，于是，鳄鱼就利用眼眶中专门处理盐分的盐腺，把多余的盐分浓缩起来，然后像泪珠一样排出来。鳄鱼流泪和人类流泪一样，都是排除体内废物的过程。生活在海边的蛇、龟、鸟等都有盐腺。

适应性：鳄鱼之所以存活了 1 亿年至今是因为它大概是迄今为止对环境适应能力最强的动物。

 知识窗

大部分鳄鱼都喜欢晒太阳，而短吻鳄却完全生活在阴暗的地方，一般可以活 30～50 年。

动物惊奇

小博士

湾鳄、眼镜凯门鳄、尼罗鳄、非洲长吻鳄、菲律宾鳄、非洲侏儒鳄、扬子鳄、宽吻凯门鳄、黑凯门鳄，暹罗鳄属于濒危野生物种，是国际性重要保护物种，被《华盛顿公约》CITES（濒危野生动植物种国际贸易公约）列入名单，属濒临灭绝物种。

链接：鳄鱼对环境的适应性表现

1. 头部进化精巧，在狩猎时可保证仅眼耳鼻露出水面，极大地保持了隐蔽性。
2. 在爬行动物中拥有难以置信的发达心脏，有4心房，正常爬行动物只有3心房，接近哺乳动物的水平。
3. 心脏能在捕猎时将大部分富氧血液运送到尾部和头部，极大地增强了爆发力。
4. 大脑进化出了大脑皮层，因此其智商可能大大超乎我们的想象。
5. 肝脏可在腹腔中前后移动以调节身体重心。

鳄鱼的种类

◆尼罗河鳄一口咬碎幼年河马的头骨

鳄鱼分为3个完全不同的科：鳄科（鳄鱼）、鼍科（短吻鳄和凯门鳄）以及食鱼鳄科（食鱼鳄），全球共有23种鳄鱼，主要有分布于北美洲的密西西比河鳄、南美洲的亚马孙鳄、非洲的尼罗河鳄、南亚的印度鳄、泰国鳄、中国的扬子鳄和澳大利亚湾鳄。

鳄鱼按其生活的水域分为

咸水鳄和淡水鳄。咸水鳄主要集中在温湿的海滨，如美洲鳄和湾鳄；淡水鳄主要生活在江河湖沼中，如扬子鳄和密西西比河鳄。按其体型大小分为大型鳄和小型鳄。体型最大的鳄，也是地球上现存最大的爬行动物是湾鳄，成年雄性长达 5～6 米，最长个体长达 10 米，体重超过 1000 千克；体型最小的鳄是生活在亚马孙河和奥里诺科河流域及两河之间的大西洋沿岸的侏古鳄，一般体长 0.9～1.2 米，最长者为 1.72 米。中国的扬子鳄为中小型鳄，身长一般 2 米左右。

> 经过对鳄鱼超强免疫系统的研究，科学家发现鳄鱼血液中的蛋白质同样是艾滋病病毒的克星。

按其性情分为凶猛鳄和温驯鳄。最凶残的鳄鱼是湾鳄，有"食人鳄"之称，遇上它的人或动物很难生还。在澳大利亚，每年都有相当数量的潜水者葬身于湾鳄腹中。尼罗河鳄，也称非洲鳄，也是一种凶猛的鳄，它会主动捕食羚羊、非洲野牛等大型哺乳动物。扬子鳄、侏古鳄等体型较小，性温顺，不主动攻击人。

按其吻部长短分为长吻鳄和短吻鳄。鳄吻的长短是鳄显著的形态特征，也是鳄分类的依据之一。扬子鳄和密西西比河鳄为短吻鳄，其吻长略长于吻宽；其余鳄皆属于长吻鳄，特别是印度鳄。印度鳄身长 5 米多，其中吻长 50～90 厘米，是吻宽的 5 倍多，且随着年龄增长，吻部会越来越狭长。这与它食鱼有关，细长且窄的吻适于捕食鱼类。

讲解——世界各地的鳄鱼主要种类

亚洲：

扬子鳄（Chinese Crocodile）我国仅有的鳄鱼品种，是一种短吻鳄，俗称"猪婆龙"，是我国特有的动物，属于国家一级重点保护对象。扬子鳄是所有鳄鱼中最濒临灭绝的一种，属濒危物种，野外仅存数百只，但是人工养殖数量尚多。

河口鳄（Salt-water Crocodile）最为危险的鳄鱼之一：这种鳄鱼会攻击四足动物，甚至会攻击人类。它的体长在 4～4.3 米之间，生活在东南亚和澳大利亚北部。

食鱼鳄（Gavial）它生活在印度，最长可以长到 6.5 米，长着与众不同的长

动物惊奇

◆扬子鳄标本

◆鳄鱼在吞食岩石

而窄的吻，形状酷似煎锅的手柄。虽然这种鳄鱼看起来十分吓人，其实并不是十分危险。

非洲：

尼罗河鳄（Nile Crocodile）它可能是现存鳄鱼中最为凶猛的一种。它曾经深受埃及人的敬畏，但如今却惨遭无情杀戮，在部分地区已绝迹了。

大洋洲：

约翰斯顿鳄鱼（Johnston's Crocodile）为了摆脱水的束缚，这种鳄鱼练就了飞奔的本领，奔跑时四足腾空，宛如驰骋的骏马！它们生活在澳大利亚北部的热带地区。

美洲：

美洲短吻鳄（American Alligator）捕猎时，它悄无声息；一到求偶季节，它就会变得最为聒噪不安，150米以外就能听到雄性美洲短吻鳄的叫声。

佩滕鳄（Morelet's Crocodile）主要分布在墨西哥，危地马拉及伯利兹，人们认为它的皮质量出类拔萃。

美洲鳄（American Crocodile）是同类中体型最大的鳄鱼之一，雄性体长可达5米。它在广袤的美洲各地均有分布。

黑凯门鳄（Black Caiman）这种鳄鱼分布在北美洲和南美洲。为获取鳄鱼皮，人们大肆猎杀黑凯门鳄。某些自然栖息地中再也找不到它的踪迹了。

库维尔侏儒凯门鳄（Cuvier's Dwarf Caiman）生活在南美洲，是同类中体型最小的鳄鱼（体长只有1.5米），但它具有得天独厚的防护机能，甚至连它的眼睑都覆盖着骨质鳞片。

眼镜凯门鳄（Spectacled Caiman）它体长约2.5米，在美洲几乎所有的地区都可以找到。这种鳄鱼的眼睑上有奇特的褶皱，看起来就像戴了一副眼镜！

空中齐翱翔

在梭罗的《瓦尔登湖》中有这样一句话:"要是没有兔子和鹧鸪,一个田野还成什么田野呢?它们是最简单的土生土长的动物,与大自然同色彩,同性质,和树叶,和土地最亲密的联盟。"

鸟儿的世界是诗意的世界,是流过天堂的诗行。鸟语是大自然的天籁,曾经抚慰我们祖先的灵魂,滋养我们的心灵,美化我们的生活。也正是因为对它们自由生活的向往,才有了我们如今的交通工具飞机。

如今我们已很少听见"莺歌"和看见"燕舞"了,"两个黄鹂鸣翠柳,一行白鹭上青天"的情景更是难得一见。

空中齐翱翔

鸟中诸葛——乌鸦

谁是最聪明的鸟类？答案是乌鸦，想不到吧。乌鸦是人类以外具有第一流智商的动物，其综合智力大致与家犬的智力水平相当，这要求乌鸦要有比家犬复杂得多的脑细胞结构。特别令人惊异的是，乌鸦竟然在人类以外的动物界中具有独到的使用甚至制造工具达到目的的能力，即使人类的近亲灵长类的猿猴也不过只会使用工具，它们还能够根据容器的形状准确判断所需食物的位置和体积，"乌鸦喝水"的故事则反映了其思维的巧妙。

◆红嘴乌鸦

乌鸦简介

乌鸦，俗称"老鸦"。鸟纲，雀形目，鸦科。全身或大部分羽毛为乌黑色，故名。常见的乌鸦为北美洲的短嘴鸦和欧亚的小嘴乌鸦。小嘴乌鸦有两个亚种（有人认为是独立的种）：西欧和东亚的食腐鸦，分布在西欧和东亚之间，亦见于不列颠群岛北部的羽冠鸦。所有乌鸦体长均在50厘米左右，黑色带光泽，羽冠鸦带灰色。

◆乌鸦

动 物 惊 奇

◆两只乌鸦

其他种类如家鸦,分布在印度到马来西亚(已引入到非洲东部);热带非洲的斑鸦(即非洲白颈鸦)颈和胸均为白色;北美东南部和中部的鱼鸦。

乌鸦为杂食性,吃谷物、浆果、昆虫、腐肉及其他鸟类的蛋。主要在地上觅食,步态稳重。喜群栖,有时数万只成群,但有些种类不集群营巢。

乌鸦的生活习性

◆水乌鸦蛋

◆秃鼻乌鸦

乌鸦为森林草原鸟类,栖于林缘或山崖,到旷野挖啄食物。集群性强,一群可达几万只。

除少数种类外,常结群营巢,并在秋冬季节混群游荡。行为复杂,表现有较强的智力和社会性活动。鸣声简单粗厉。杂食性,很多种类喜食腐肉,并对秧苗和谷物有一定害处。但在繁殖期间,主要取食小型脊椎动物、蝗虫、蝼蛄、金龟甲以及蛾类幼虫,有益于农业。此外,因喜腐食和啄食农业垃圾,能消除动物尸体等对环境的污染,起着净化环境的作用。一般性格凶悍,富于侵略习性,常掠食水禽、涉禽巢内的卵和雏鸟。

乌鸦繁殖期的求偶炫耀比较复

 空中齐翱翔

杂，并伴有杂技式的飞行。雌雄共同筑巢，巢呈盆状，以粗枝编成，枝条间用泥土加固，内壁衬以细枝、草茎、棉麻纤维、兽毛、羽毛等，有时垫一厚层马粪。每窝产卵5～7枚，卵灰绿色，布有褐色、灰色细斑。雌鸟孵卵，孵化期16～20天。雏鸟为晚成性，亲鸟饲喂1个月左右方能独立活动。野生乌鸦可活13年，豢养的寿命可达20年。有的乌鸦经人工训练后会"说话"并计数到3或4，还能在容器内找到带记号的食物。

 知识窗

乌鸦终生一夫一妻，多在树上营巢，常成群结队飞鸣。

声音嘶哑，吃谷类、昆虫等，功大于过。

乌鸦，一种灵性之鸟，近年在国内的频频亮相，引起人们对它文化意义上的关注。

 广角镜——乌鸦居鸟类智慧榜首位

加拿大科学家最近列出了一个鸟类智慧"排行榜"，列举了各类观察试验后得出的鸟类智慧指数。在华盛顿的一个全美高等科学会议上，研究者表示，如果按照智慧排名，乌鸦可以说是鸟中状元。

这位名叫勒弗夫的科学家说，他对各种鸟类的行为进行了研究，以新颖、创意等等关键词组，在所有鸟类行为研究报告当中搜寻。接着加以评估后，他便给各种鸟类智慧排名。排名第一的是乌鸦，第二是猎鹰，随后依次是老鹰、啄木鸟以及苍鹭，排在"队尾"的是鹌鹑、鸸鹋、鸵鸟以及其他鸸鸵等鸟类。

另外一个令人感到惊讶的是：相对头大身小，且能够模仿人类讲话的鹦鹉，却没能够进入前五名。勒弗夫教授说，在他看过科学报告之后，一些鸟类的创意着实让他感到非常的惊讶。

例如：津巴布韦的秃鹰，它们就会在地雷区的铁丝网附近等着，等到食草类动物在吃草的时候踩到了地雷，炸得粉身碎骨，这些秃鹰就可以大吃一顿已经为它们"分割"好了的美味大餐了。不过有的时候秃鹰也会玩火自焚，自己踩到了地雷被炸得粉身碎骨。

勒弗夫教授相信，他的研究结果并不会改变人类对自己所喜欢的鸟类的看

法。人类还是会继续赞叹鸟类的漂亮羽毛、还是会赞赏鸟类的叫声，而不是去赞赏或者赞叹鸟类的脑子大小。勒弗夫教授说，他做这个研究的用意不是把鸟类重新分出等级。

乌鸦的种类

◆白颈鸦

◆渡鸦

乌鸦共36种，分布几乎遍及全球，中国有7种，大多为留鸟。

秃鼻乌鸦在中国东部至东北部广大平原地区的高树上营群巢，是中国广大农村最常见的种类，全身羽毛黑色发亮，还带着紫色金属闪光。嘴巴长而粗壮，基部光秃，没有羽毛遮住鼻孔，所以叫它秃鼻乌鸦。冬季，秃鼻乌鸦常与其他乌鸦混在一起，成百上千只一群，且飞且鸣，发出"哇……哇……"的粗劣嘶哑声，使人感到又凄凉又厌烦，因此被人们认为是一种不祥之鸟。

白颈鸦在华北以南平原至低山的高树上筑巢，很少集群，体羽黑色，有鲜明的白色颈圈。栖息于平原、耕地、河滩、城镇及村庄。有时与大嘴乌鸦混群。以种子、昆虫、垃圾、腐肉等为食。常单独或成队活动，很少集群。3~6月繁殖，在高大乔木或崖洞内营巢，每窝产卵3~7枚。

寒鸦为中国北方广大山区和近山区常见的小型乌鸦，胸腹白色并具白色颈圈，其余部位为黑色；喜在崖洞、树洞、高大建筑物的缝隙中筑巢。喜群栖，常集成喧闹的小群，野外常与秃鼻乌鸦混群。

空中齐翱翔

大嘴乌鸦全身羽毛纯黑，背、翼及尾带蓝绿光泽。嘴型粗大，上嘴前缘与前额几乎成直角。栖息在平原、山地，多见于村落、农田。常集群活动，取食昆虫、鼠类等。在高大乔木上营巢，5~6月繁殖，每窝产卵3~5枚。分布在我国除西北以外的大部分山区，是常见的留鸟。

渡鸦是乌鸦中个体最大的，体长约60厘米，通体黑色，体羽大部分以及翅、尾羽都有蓝紫色或蓝绿色金属闪光，嘴型非常粗壮。在西藏自治区海拔3000米以上的高原和山区岩缝中筑巢。

 链接：乌鸦在文化上的形象

乌鸦在国际上是一个矛盾的文化形象。

消极形象：古希腊神话影响了南欧洲早期文明的大部，传说太阳神阿波罗与格露丝相恋，派圣鸟去监视格露丝的操守，一天圣鸟看到格露丝与其他男子往来，以为她与其他男子有染，就回来向阿波罗报告，阿波罗一怒射杀了格露丝。而后证实格露丝并未和其他男子私通，阿波罗又怒斥圣鸟，令其洁白的羽毛变成黑色，这便是乌鸦的由来，乌鸦由此背上了欺骗的恶名。在英语中 eat crow（乌鸦）——意为自己打自己的嘴巴。

◆大嘴乌鸦

积极形象：与南欧相反，在北欧，乌鸦却成为思想和记忆的化身，传说众神之主奥丁一只眼睛睁开便可以观察到全世界，另一只眼睛永远关闭。当他睁开的眼睛被宇宙遮挡看不见的时候，就派站立他左右两肩的两只乌鸦去巡视天下，因此众神之主奥丁对天下的事情无所不知。

在中国西藏和四川一些地区，乌鸦也被作为一种神鸟来崇拜，无论是发掘的吐蕃文献还是西南地区的"悬棺"和"天葬"习俗，均证明这一点。

武当山为道教宗祠，把乌鸦奉为"灵鸦"，并在山上建有乌鸦庙，"乌鸦接食"为武当八景之一，就是进山的游人，也要随身携带一些食品，散放给乌鸦来啄食。

"领先一步学科学"系列

89

动物惊奇

报喜之鸟——喜鹊

喜鹊,又名鹊、客鹊、飞驳鸟、干鹊、神女,鸟纲雀形目鸦科鹊属的一种。喜鹊体型很大,羽毛大部为黑色,肩腹部为白色。喜鹊多生活在人类聚居地区,喜食谷物、昆虫,一般3月筑巢,巢筑好后开始产卵,每窝产卵5~8枚。喜鹊肉可入药。喜鹊叫声婉转,中国民间将喜鹊作为吉祥的象征,牛郎织女鹊桥相会的传说及画鹊兆喜的风俗在民间颇为流行。

◆鹊梅相映

喜鹊简介

◆喜鹊叫喳喳

雀形目(Passeriformes)鸦科(Corvidae)的一种鸟类。最熟悉的种类是黑嘴喜鹊,体长45厘米,黑、白两色,尾有蓝绿色的虹彩。生活在西北非、整个欧亚大陆和北美洲的西部。见于农田和树木密布的原野,食昆虫、谷物、小型脊椎动物、其他鸟的卵和幼雏以及新鲜动物尸体;其巢大而圆,用泥粘合细枝筑成。亚

洲的灰喜鹊属、绿鹊属和蓝鹊属（Urocissa）呈耀眼的蓝色或绿色。

喜鹊属雀形目鸦科鹊属，又名鹊。体型特点是头、颈、背至尾均为黑色，并自前往后分别呈现紫色、绿蓝色、绿色等光泽。双翅黑色而在翼肩有一大型白斑。尾远较翅长，呈楔形；嘴、腿、脚为纯黑色。腹面以胸为界，前黑后白。雌雄羽色相似。幼鸟羽色似成鸟，但黑羽部分染有褐色，金属光泽也不显著。

◆快乐喜鹊

喜鹊分布范围很广，除中、南美洲与大洋洲外，几乎遍布世界各大陆。在中国，除草原和荒漠地区外，主要见于全国各地农村，有4个亚种，均为当地的留鸟。

 小知识

喜鹊分布范围很广，除中、南美洲与大洋洲外，几乎遍布世界各大陆。在中国，除草原和荒漠地区外，见于全国各地，有4个亚种，均为当地的留鸟。

喜鹊的体形特点

喜鹊，其体长通常可达45～50厘米。其头部、颈部、胸部、背部、腰部均为黑色，略显蓝紫色金属光泽；肩羽、上下腹均为洁白色；飞羽和尾羽为近黑色的墨绿色，带灰绿色的金属光泽；初级飞羽的内部均为洁白色，飞行时可见双翅端部洁白，另外在飞行中可见本物种背部的白色羽区形成一个V形。本物种虹膜为褐色；喙、足均为黑色。喜鹊的叫声为单调的"洽～洽～"声。当遇到危险时会发出连续而急促的"洽、洽、洽……"的警报音。

动物惊奇

 知识窗

民间将喜鹊作为吉祥的象征。传说喜鹊能报喜。每年七月初七这一天，喜鹊才不见踪影，都飞上天河搭桥去了，让牛郎织女相会。画鹊兆喜的风俗在中国民间大为流行，品种也有多样：如两只鹊儿面对面叫"喜相逢"，双鹊中加一枚古钱叫"喜在眼前"，一只鹊和一只獾在树上树下对望叫"欢天喜地"。流传最广的，则是鹊登梅枝报喜图，又叫"喜上眉梢"。

喜鹊的生活习性

◆嬉闹的喜鹊

◆喜鹊的巢

生活环境：喜鹊是适应能力比较强的鸟类，在山区、平原都有栖息，无论是荒野、农田、郊区、城市都能看到它们的身影。但是一个普遍规律是人类活动越多的地方，喜鹊种群的数量往往也就越多，而在人迹罕至的密林中则难见喜鹊的身影。喜鹊常集成大群成对活动，白天在旷野农田觅食，夜间在高大乔木的顶端栖息。

食物：喜鹊是杂食性鸟类，喜食昆虫、垃圾、植物等各种食物，繁殖期捕食蝗虫、蝼蛄、地老虎、金龟子、蛾类幼虫以及蛙类等小型动物，也盗食其他鸟类的卵和雏鸟，吃瓜果、谷物、植物种子等。由于喜鹊和同科的乌鸦均为食性甚杂的鸟类，因而在很多地区进行投药灭鼠中常连累这些鸟类枉丧性命。

繁殖：喜鹊繁殖开始较早，在气候温和地区，一般在3月初即开始筑巢繁殖；通常营巢在松树、杨树、柞树、榆树、柳树、胡桃树等高大乔木上，有时也在村庄附近和公路旁的大树上营巢，甚至在高压电柱上营巢。营巢由雌雄鸟共同承担。巢主要由枯树枝搭建黏土粘合而成，营巢时间20~30天。喜鹊每年均会营造新巢，并有营造巢的习惯。巢筑好后即开始产卵，卵产齐后即开始孵卵，雌鸟孵卵，孵化期17±1天。刚孵出的雏鸟全身裸露，呈粉红色，雌雄亲鸟共同育雏，30天左右雏鸟即可离巢。

◆鹊登高枝

分布地域：喜鹊是全世界广泛分布的鸟类，欧洲、亚洲大部可见喜鹊，非洲北部和北美洲西部亦可见喜鹊；在中国，喜鹊的普通亚种全国可见，是分布非常广泛的物种。

喜鹊的名字由来

传说喜鹊原是天宫的仙鸟，叫鹊儿。每年农历七月初七，牛郎织女过天河相会，便是鹊儿们搭的桥，俗称"鹊桥会"。有一年牛郎对织女说，玉帝派金牛星下凡，给人间撒了些草籽，大地处处绿茵，只是缺少花木，人间还不是很美。这话被鹊儿们听到，就把这件事转告了王母娘娘。王母娘娘

◆喜鹊报春

叮嘱百花仙子：百花齐撒，独留梅花！从那时起，人间大地从春到秋，百花盛开，唯独冬天没有花。鹊儿们议论后，偷了一株梅树苗，又派一只鹊儿衔到人间。从此大地上就有了梅花。因时值腊月花开，所以人们称它"冬梅"或"腊梅"。这株梅花树栽在一个富人的花园里，这家小姐恰逢出嫁日，她看到梅枝上有只从未见过的鸟儿，羽毛美丽，叫声悦耳，舞步轻盈。姑娘一时高兴，取来剪刀和红纸，照着鹊儿和梅花的样子，很快便剪成了一幅窗花。这时，家人来催姑娘快上轿。姑娘拿着刚剪好的窗花，自

动物惊奇

言自语道:"这是什么鸟……"快嘴的丫环忙说:"今日大喜,姑娘逢喜事,就叫它喜鹊吧!"

喜鹊的文化

◆灰喜鹊

喜鹊是自古以来深受人们喜爱的鸟类,是好运与福气的象征,农村喜庆婚礼时最乐于用剪贴"喜鹊登枝头"来装饰新房。喜鹊登梅亦是中国画中非常常见的题材,它还经常出现在中国传统诗歌、对联中。此外,在中国的民间传说中,每年的七夕,人间所有的喜鹊会飞上天河,搭起一座鹊桥,引分离的牛郎和织女相会,因而在中华文化中鹊桥常常成为男女情缘。

经常被画家画的"鹊登高枝",喻示一个人节节向上、家庭出人头地。如果你打开中国古人画的"鹊登枝",往往会发现,画里的喜鹊,其实是灰喜鹊,而不是"花喜鹊"。

鹊印鹊桥。有一个美好的传说,叫"鹊印",记录在晋代干宝的《搜神记》中,说的是汉代张颢击破山鹊化成的圆石,得到颗金印,上面刻着"忠孝侯印"四个字,张颢把它献给皇帝,"藏之秘府",后来张颢官至太尉。从此,"鹊印"就用来借指公侯之位了。

空中齐翱翔

口技"达人"——鹦鹉

◆非洲鹦鹉

鹦鹉,鹦形目有鹦鹉科(Psittacidae)与凤头鹦鹉科两科,种类非常繁多,有82属358种,是鸟类最大的科之一。

鸟是人类的朋友,鹦鹉指鹦形目众多艳丽、爱叫的鸟。它们以其美丽无比的羽毛,善学人语技能的特点,更为人们所欣赏和钟爱。这些属于鹦形目、鹦鹉科的飞禽,分布在温、亚热、热带的广大地域。

鹦鹉的外形特征

鹦鹉是典型的攀禽,对趾型足,两趾向前、两趾向后,适合抓握,鹦鹉的鸟喙强劲有力,可以食用硬壳果。鹦鹉主要是热带、亚热带森林中羽色鲜艳的食果鸟类。

◆金刚鹦鹉

鹦鹉中体型最大的当属紫蓝金刚鹦鹉,身长可达100厘米,分布在南美的玻利维亚和巴西。虽然在某些地区常见,但人们为盈利而大量诱捕,已使它们面临严重威胁。最小的是生活在马来半岛、苏门答腊、婆罗洲一带的蓝冠短尾鹦鹉,身长仅有12厘米。这些小精灵携带巢材的方式很特别,不是用那弯而

动物惊奇

有力的喙,而是将巢材塞进很短的尾羽中,同类的其他的情侣鹦鹉,也是用这种方式携材筑巢的。

小书屋

鹦鹉

唐 来鹄

色白还应及雪衣,
嘴红毛绿语乃奇。
年年锁在金笼里,
何以陇山闻处飞。

鹦鹉的分布范围

人类讲话是从后天中学会的,鸟类的生活姿态、鸣叫、表情基本上都是一致的,是从先天而得的。它们会学舌,是无意识的。

鹦鹉在世界各地的热带地区都有分布。在南半球有些种类扩展到温带地区,也有一些种类分布到遥远的海岛上。鹦鹉在拉丁美洲和大洋洲的种类最多,在非洲和亚洲种类要少得多,但在非洲却有一些很有名的种类,如情侣鹦鹉。拉丁美洲的鹦鹉中最著名的是各种大型的金刚鹦鹉。大洋洲的鹦鹉比拉丁美洲更加多样化,包括一些人们最熟悉的、最美丽和最独特的鹦鹉。其中澳洲的虎皮鹦鹉和葵花凤头鹦鹉等是人们最熟悉的鹦鹉。新西兰的猫面鹦鹉是已经失去了飞翔能力的大型鹦鹉,而新西兰的啄羊鹦鹉则进化出了一定的肉食倾向,啄羊鹦鹉也是分布最广的鹦鹉之一。大洋洲种类繁多的吸蜜鹦鹉则属于最美丽的鸟类,比如斐济的蓝冠吸蜜鹦鹉。鹦鹉是人们喜欢饲养的宠物,其野生种群也因此而受到威胁,很多种类都成为了濒危物种。鸟类学家已确定我国原产的鹦鹉只有6种,全部是国家重点保护野生动物。

空中齐翱翔

 轻松一刻

鹦鹉学舌

"鹦鹉学舌"这句话,往往被用来比喻别人怎么说,自己也跟着怎么说。鹦鹉善学人语,世人皆知,一只训练得好的鹦鹉,能说好多句子,甚至还会唱歌。

 广角镜——如何训练鹦鹉学说话

训练鹦鹉说话,首先要使它和人亲近,对人没有恐惧感,然后才开始教它说话。每天给鹦鹉充足的水和食物,保持清洁,使它精神愉快。

调教鹦鹉,以清晨为好,因为鸟在清晨较为活跃。训练时的环境要安静,要有耐心。发音清晰,不含糊。选择的语句简单明白。每次只能教一句话,数天反复教这一句,直到鹦鹉学会,学会后还要巩固。在它没有熟练前,千万别教第二句。否则,会把鹦鹉搞糊涂的。当所教语句较长时,可以分段训练。

在教鹦鹉说话时,如果发现它不注意声音,而专门注意人时,人就应该躲起来,只要发出声音教鹦鹉,这样,鹦鹉才会专注学语。平时教它学话时,人也不应太靠近鹦鹉。

◆正在表演的鹦鹉

鹦鹉的生活习性

鹦鹉大多色彩绚丽,音域高亢,那独具特色的钩喙使人们很容易识别这些美丽的鸟儿。它们一般以配偶和家族形成小群,栖息在林中树枝上,自筑巢或以树洞为巢,食浆果、坚果、种子、花蜜。也有特例:如深山鹦

动物惊奇

◆蓝冠短尾鹦鹉

鹉，这种生活在灌木丛林中的鸟儿体型大，羽毛丰厚，独具一副又长又尖的嘴。除了具有其他鹦鹉的食性外，还喜食昆虫、螃蟹、腐肉。甚至跳到绵羊背上用坚硬的长喙啄食羊肉，弄得活羊鲜血淋淋，所以当地的新西兰牧民也称其为啄羊鹦鹉。

有些生活在美洲热带雨林中的鹦鹉种类有啃食泥土的习性，推测可能是因为它们平常的主食——各种植物果实或种子中含有生物碱毒素，而这些泥土似乎具有解毒作用。

 知识库——鹦鹉为什么具有学舌的本领呢？

原来这与它生有特殊结构的鸣管和舌头有关。

人和哺乳动物的发声是用声带，它位于气管上端的喉头处。鸟类则不然，其发声器叫鸣管，位于气管与支气管的交界处，一般由最下部的几个（多为3～6个）气管环膨大变形，并与相邻3对（左右）变形的支气管环共同构成。鸣管的分叉部分，其内外两侧管壁均变薄，可随气流的振动而发声，称为鸣膜。鸣管的第一气管环的底部、鸣管分叉处的中央，有一从背面垂直伸向腹面的细骨棒——鸣骨，起支撑鸣管和内鸣膜的作用。沿鸣骨正中伸出的薄膜叫半月膜亦能随气流的进出震动发声。鸣骨下方有气室，锁间气囊的分支伸入其内，气囊内压力的变化会影响内鸣膜的紧张程度及鸣管的管径。在构成鸣管的第二支气管半环的内侧，有一向内呈拱状隆起的唇状皱壁，称为外唇，它在鸣肌的作用下可调节流经鸣管的气流压力和大小，从而发出不同的音频。

鹦鹉的种群现状

鹦鹉种类繁多，形态各异，羽色艳丽。有华贵高雅的粉红凤头鹦鹉和葵花凤头鹦鹉、雄武多姿的金刚鹦鹉、涂了胭脂似的玄凤鸡尾鹦鹉、五彩缤纷的亚马孙鹦鹉、小巧玲珑的虎皮鹦鹉、姹紫嫣红的折衷鹦鹉、形状如鸽的非洲灰鹦鹉。泰国2001年发行了一套鹦鹉邮票，其中绯胸鹦鹉、花头鹦鹉、红领绿鹦鹉在我国境内都有野生种群，尤以绯胸鹦鹉为最，是驰名中外的笼鸟，主要产于我国四川省，也称四川鹦鹉。

随着人类文明的足迹的延伸，工业的发展，这些美丽的鸟却面临生存环境的恶化，种群锐减，一些种类已经或接近灭绝。新西兰的猫面鹦鹉，是唯一一种夜行性的在地面上爬行的鹦鹉科鸟类。它们原来分布在新西兰南部、司图尔特和其他岛屿，由于栖息地的老鼠和鼬而濒临灭绝。以塔布堤岛命名的塔布吸蜜鹦鹉，已在它的

◆非洲灰鹦鹉

祖籍南太平洋的这个小岛上绝迹，人们顾及它的名实相符，只有重新从库克群岛引进，但仍岌岌可危。它们在原籍生活了千百年，世代繁衍，少有天敌。是人类活动的踪迹打破了这里的和平与宁静，船把开拓者、旅行者送到这些岛屿上的同时也将鼠和猫送上了岛。这些"杀手"吞吃鸟蛋和幼雏，让它们陷入灭顶之灾。无奈，世界野生动物保护组织将幸存者迁往没有天敌的岛屿。我们今后也只能在图片和邮票上看到这些美丽的鹦鹉了。

点击

尼日利亚南部曾经生活着为数众多的非洲灰鹦鹉，它们甚至能模仿好几种语言，简直就是"语言天才"。但是走私分子在暴利的驱动下通过种种渠道进行贩卖，每只最低售价是500美元，而且还常常供不应求，使得非洲灰鹦鹉濒临灭绝。

鹦鹉文化

人们喜爱这些美丽的鹦鹉，为它们发行邮票，建立网站，组织保育协

动物惊奇

◆鹦鹉邮票

会，设定保护区。甚至把它们作为智慧的象征。在位于加勒比海的多米尼加共和国它被奉为国鸟，这个国家的国徽上是一只名叫"西色罗"的金刚鹦鹉，它是这个中美洲岛国独立自强的象征。鹦鹉聪明伶俐，善于学习，经训练后可表演许多新奇有趣的节目，是各种马戏团、公园和动物园中不可多得的鸟类"表演艺术家"，深受大众喜爱。它们可以学会各种技艺如：衔小旗、接食、骑自行车、拉车、翻跟斗等等。鹦鹉与人类的文明发展息息相关，它们也是人们最好的伙伴和朋友。在长期的驯养过程中，鹦鹉带给人们不少的欢乐，甚至帮助人们治愈疾病。

人们对鹦鹉最为钟爱的技能当属效仿人言。事实上，它们的"口技"在鸟类中的确是十分超群的。这是一种条件反射、机械模仿而已。这种仿效行为在科学上也叫效鸣。由于鸟类没有发达的大脑皮层，因而它们没有思想和意识，不可能懂得人类语言的含义。"鹦鹉学舌"在人们的生活中引起的小故事，为人们茶余饭后增添了许多谈资和笑料。

空中齐翱翔

学舌模仿秀——八哥

你知道八哥为什么会说话吗？八哥是一种性情很温顺的鸟，它鸣声嘹亮，富于音韵，善于模仿其他种鸟类鸣叫，智商高，学习人类语言及训练做各种表演的能力强，因此成为人们喜爱的宠物笼鸟。八哥是鸟纲雀形目椋鸟科八哥属鸟类的通称，长相不太出众，雌雄相似，全身黑色，头顶的羽毛较长，形如冠状，两翅有白色

◆八哥

斑，飞行时随翅晃动，颇为耀眼，飞翔时从下面看，宛如"八"字，故有"八哥"之称。八哥共有6种，主要分布于亚洲，中国有普通八哥等4种，它是我国南方常见的鸟类。

八哥的外形特征

◆翅膀处的白斑

八哥体长约25厘米。全身羽毛黑色而有光泽，它全身黑色，粗看起来颇似乌鸦，但与乌鸦有着显著的区别，首先八哥体型较各类乌鸦都要小得多（大嘴乌鸦体长50厘米，八哥体长25厘米）；其次八哥嘴和脚均为鲜黄色。额前羽毛耸立如冠状，细看头颈部的体羽，黑色中有绿色的

"领先一步学科学"系列

101

 动物惊奇

金属光泽闪动，初级覆羽和初级飞羽的基部均为白色，因此在飞行过程中两翅中央有明显的白斑，从下方仰视，两块白斑呈"八"字形，这也是八哥名称的来源，两块白斑与黑色的体羽形成鲜明的对比也是八哥的一个重要辨识特征；尾羽端部白色。

 小 博 士

　　八哥原本分布于中国南部及印度支那半岛，是典型的东洋界鸟类。但非法鸟类贸易使八哥迅速扩散，现在菲律宾及婆罗洲有引入种群，而在淮河以北的中国北方地区八哥也逐渐成为常见的留鸟。

八哥的生活习性

◆八哥蛋

　　野生八哥生活在山林、平原、村落，有时在城市也可见到。除繁殖季节外，多成群活动，常栖息在大树上，或成行站立在屋顶上。于清晨聚集高处，喧噪一番后便分散活动，至翌日又在原处聚集，这是八哥的一个典型特殊性。晚上，它常与椋鸟、乌鸦混群共栖。

　　八哥春末夏初开始营巢繁殖，营巢要求不高，无一定场所，树洞、屋檐、房缝、废烟囱或其他鸟的弃巢处均可营巢，卵呈蓝色，非常好看，每窝产卵5～6个，一年可繁殖2～3次，因此繁殖期可延至炎热的夏天。八哥的鸣声嘈杂无韵律，但极善模仿其他鸟的鸣声音调，所以鸣声有时多变。

　　八哥性情温驯，容易接近人，扑笼、撞笼极少。修舌后，能模仿说简单人语，这是该鸟的一大特殊性。八哥吃杂食，包括蝗虫、蚯蚓、甲虫、蝇蛆，以及树的果实、植物种子等，因此较容易饲养。

空中齐翱翔

 知识窗

4～7月繁殖，每年2巢，巢无定所，常在古庙和古塔墙壁的缝隙、屋檐下、树洞内，有时将喜鹊或黑颈棕鸟的旧巢加以整理，或借用翠鸟之弃穴。巢形大而不整，略呈浅盂状，由稻草、松叶、苇茎、羽毛、软毛及其他废屑堆积而成。

 知识广播

八哥可饲养在特制的笼子里面。笼内设沙棍栖木一根，雏鸟每天喂豆腐也可用小米掺鸡蛋加适量水调匀后蒸熟，搓成小细料喂养。夏季可用鸭蛋。每天两次给鹩哥粉，隔天给蚱蜢、蚯蚓、瘦肉丝以及香蕉、青菜等。

八哥的人工饲养和生活习性

家养八哥采用高大的鸟笼，多养雄鸟，从幼鸟开始饲养效果最佳。八哥的饲料以鸡蛋大米为宜。鸡蛋大米的调制方法是：将大米放入锅内，用文火炒至黄而不焦，倒入盆中，趁热把搅匀的生鸡蛋液拌入米中，搅匀，冷却后掰开、搓散即可。一般每1000克米加4～6枚鸡蛋，并适量添加蚂蚁、皮虫、瘦肉丝、嫩青菜、香蕉等。八哥消化能力强，食量较大。

◆喂养八哥

◆八哥洗澡

动物惊奇

八哥喜水浴,常在水浴时鸣唱,夏季每日或隔日1次,春季和秋季适当减少次数,冬季很少水浴。水浴时将笼子放入盆中,盆内加清水,水深约至八哥跗骨上关节处,水温不能太低。

八哥产于南方,生性怕冷,故鸟笼要有笼衣,夜间要挂在室内,不能挂在有冷风的过道口,冬天要时刻注意保暖,晴天多让八哥晒太阳。

八哥的调教

◆八哥幼鸟

◆笼养八哥

一般从幼鸟开始调教,以刚换第一次羽后为佳。

学人语:普遍认为,教八哥学人语,需要对其进行捻舌,这是一个误区,徒然对八哥造成伤害。事实上,捻舌与否对八哥学人语并没有科学依据和显著作用,捻舌过的八哥与未捻舌的八哥学会人语的效率是一样的。训练八哥学人语时,要选择僻静之处,早、晚空腹时进行。训练时首先必须培养鸟与人的感情,多与鸟相处,训练内容要从简到繁,先教"你好"、"再见"等简单词语,以后再教长一点的句子。训练时必须以食物为诱饵;训练人员口齿要清楚,吐字要准确、连贯。八哥学人语,吐字发音不可能像人一样清楚,故训练时,对其吐字要求不能苛刻,一旦学会第1句,以后便容易了。若采用已会说人语的八哥带教,效果更好。八哥学会人语后,人要经常逗其学说,巩固成绩。八哥毕竟是动物,学人语速度较慢,训练人员要细致、耐心,切忌粗暴,否则会前功尽弃。

放飞:八哥经过放飞训练后,能听从主人的口令或手势,主人走到哪里,它就会随着飞到哪里。放飞训练第1步是训练八哥进笼、上笼(架养时上架、下架），方法是先在笼内不放饲料，让其饥饿，然后将饲料放在竹片上伸入笼内喂食，鸟习惯这种喂食方法后，慢慢移向笼门处喂食，让鸟站在笼门处，喂食竹片从笼背后伸入，使鸟头向笼内、尾朝笼外吃食，并将上述动作巩固几天。第2步是在关闭的房内放飞，放飞一段时间后将笼子移近鸟，再将竹片从背后伸入笼内诱食，使之跳回笼内。八哥放飞时间不宜太长，一般12~15分钟，放飞时不能喂得太饱。

◆放飞八哥

 小贴士——八哥鸟的优劣鉴别

主要是看成鸟是捕获野生的鸟还是从窝雏养大的鸟。鉴别方法如下：

1. 野生成鸟怕人，在笼内上蹿下跳不停，严重时会撞笼，甚至撞得头破血流，翅折羽断。从窝雏养大的成鸟没有这种现象。

2. 野生成鸟的脚爪、跗趾部分比较光滑，没有起皮的现象。窝雏鸟长大的，脚爪比较粗糙，有时有鱼鳞状突起的现象。

3. 野生的成鸟一般不会啭鸣，只会"咯咯"地呼唤。窝雏养大的成鸟都会啭鸣和仿鸣。

4. 羽毛紧紧贴住身体（行话称"收身"），眼睛有神、毛色有光泽的为优质鸟；呆头呆脑，全身羽毛蓬松的是劣质鸟或病鸟。

5. 以黄嘴黄脚、尾羽有白色羽端、尾下覆羽全白、全身羽毛黑色并呈现金属光泽的雄鸟为上乘。

6. 胆子较大，会鸣唱，站立时挺胸、亮翅，个头比较大的八哥为上品。

动物惊奇

春的使者——燕子

燕子是人类的益鸟，主要以蚊、蝇等昆虫为主食，一只燕子几个月就能吃掉25万只昆虫，所以我们千万不能伤害它。当秋风萧瑟、树叶飘零时，燕子成群地向南方飞去，到了第二年春暖花开、柳枝发芽的时候，它们又飞回原来生活过的地方。"年年此时燕归来"。燕子素以雌雄颉颃，飞则相随，以此而成为爱情的象征，"思为双飞燕，衔泥巢君屋"，"燕尔新婚，如兄如弟"。

◆燕子

燕子简介

燕子是燕科鸟类的通称。益鸟。体型小巧，两翅尖长，尾羽平展时呈叉状，飞行时捕食昆虫。世界各地都有分布。中国有9种，如家燕，夏季遍布各地，在建筑物的屋檐下筑巢，秋冬季节飞往南方。

◆燕窝之所

◆给小燕子喂食

燕子是雀形目燕科的一属。本属鸟类，体小型，体长13～18厘米。翅尖长，尾叉形。背羽大都灰蓝黑色，因此，古时把它叫做玄鸟。翅尖长善飞，嘴短弱，嘴裂宽，为典型食虫鸟类的嘴型。脚短小而爪较强。世界有20种，中国有4种，其中以家燕和金腰燕等比较常见。家燕前腰栗红色，后胸有不整齐横带，腹部乳白色。燕子一般在4～7月繁殖。家燕在农家屋檐下营巢。巢是把衔来的泥和草茎用唾液粘结而成，内铺以细软杂草、羽毛、破布等，还有一些青蒿叶。巢为皿状。每年繁殖2窝，大多在5月～6月初和6月中旬～7月初。雏鸟约20天出飞，再喂5～6天，就可自己取食。食物均为昆虫。燕是典型的迁徙鸟。繁殖结束后，幼鸟仍跟随成鸟活动，并逐渐集成大群，在第一次寒潮到来前南迁越冬。

> 燕子每窝产卵4～6枚。第二窝少些，为2～5枚。卵乳白色。雌雄共同孵卵。14～15天幼鸟出壳，亲鸟共同饲喂。

燕子的生活习性

燕子在冬天来临之前的秋季，它们总要进行每年一度的长途旅行——成群结队地由北方飞向遥远的南方，去那里享受温暖的阳光和湿润的天气，而将严冬的冰霜和凛冽的寒风留给了从不南飞过冬的山雀、松鸡和雷鸟。表面上看，是北国冬天的寒冷使得燕子离乡背井去南方过冬，等到春暖花开的时节再由南方返回本乡本土生儿育女、安居乐业。果真如此吗？其实不然。原来燕子是以昆虫为食的，且它们从来就习惯于在空中捕食飞

◆迁徙的燕子

◆嬉戏之燕

动物惊奇

虫，而不善于在树缝和地隙中搜寻昆虫食物，也不能像松鸡和雷鸟那样杂食浆果、种子和在冬季改吃树叶（针叶树种即使在冬季也不落叶）。可是，在北方的冬季是没有飞虫可供燕子捕食的，食物的匮乏使燕子不得不每年都要来一次秋去春来的南北大迁徙，以得到更为广阔的生存空间。燕子也就成了鸟类家族中的"游牧民族"了。

知识窗

据统计，全世界共有75种之多的燕子，有楼燕、白腰雨燕、家燕、岩燕、灰沙燕、金腰燕和毛脚燕等种类。该鸟类广泛分布于除两极地区以外的世界各地，共有大约17属、78种，我国共有4属、10种，如沙燕、岩燕、毛脚燕、金丝燕等。

燕子的主要种类

◆家燕

家燕身长17厘米，体重15～18克，上体蓝黑色，额和喉部呈棕色，前胸黑褐相间，下体其余部分白色，尾基部有一行白点。它体态轻捷伶俐，两翅狭长，飞行时好像镰刀，尾分叉像剪子。飞行迅速如箭，忽上忽下，时东时西，能在比其身躯长度还小的距离内作90度转弯，这些灵活运转的技巧，使它们能在未来从事惊险旅程时解围脱困。燕子经常在空中穿梭般地飞行，速度极快，刮风下雨对它们也没有多大影响，反应十分敏捷，张开嘴巴能在空中捕捉各种飞虫，并不时地发出几声短促、尖锐的鸣叫，蚊蝇以及鞘翅目、鳞翅目、膜翅目类的各种昆虫都是它们喜欢捕食的对象。

空中齐翱翔

链接：让我们一起来认识家燕

家燕返回家乡后，头一件"大事"便是雌鸟和雄鸟共同建造自己的家园，有时补补旧巢，有时建一个新的巢穴。家燕们不断地用嘴衔来泥土、草茎、羽毛等，再混上自己的唾液。没多久，一个崭新的碗形窝便出现在你家的屋檐下了。

有时，霸道的麻雀会坐享其成，强占家燕们舒适的窝，家燕可不会就此罢休，它们群起而攻之，把麻雀轰走。有时实在赶不走麻雀，家燕便会十分"残忍"地衔来泥土、树枝，封死巢穴，把麻雀们统统"活埋"了。

家燕体态轻盈，一对翅膀又窄又长，飞行时好像两把锋利的镰刀，家燕飞行时似一根刚离弦的箭，"嗖"的一声发射出去，它是个捕虫能手，几个月就能吃掉25万只昆虫，所以我们千万不能伤害它！

自古以来，人们乐于让燕子在自己的房屋中筑巢，生儿育女，并引以为吉祥、有福的事。尽管燕子窝下面的地上常被弄得很脏，人们也不在意。燕子是季节性很强的候鸟，人们称它"报春归来的春燕"、"翩然归来的报春燕"等。只要见到燕子，似乎就是提醒人们：春天来了！古人曾有"莺啼燕语报新年"之佳句。人们总是把燕子跟春天联系起来。

◆金腰燕

金腰燕的体形及大小和家燕相差无几，最显著的标志是它有一条栗黄色的腰带，鲜艳夺目，故又名赤腰燕。生活习性与家燕相似，不同的是它常停栖在山区海拔较高的地方。有时和家燕混飞在一起，飞行却不如家燕迅速，常停翔在高空，鸣声较家燕稍响亮。金腰燕不像家燕营巢在屋内，常筑巢在山地村落间的屋外墙壁上，且喜选木构房屋。巢多呈长颈瓶状，筑巢精巧，我国民间自古称之为巧燕。

◆岩燕

动物惊奇

◆金丝燕

金腰燕有"群居"现象,甚至6对金腰燕把巢堆在一起,宛如蜂窝,是罕见的奇观。

岩燕、雨燕是飞翔速度最快的鸟类,常在空中捕食昆虫,翼长而腿脚弱小。雨燕分布广泛,常在高纬度地区繁殖而到热带地区越冬。有18属80种,我国有4属7种。

每年天春,大洲岛上的金丝燕也开始了第一次吐唾,筑窝后期,连血也吐了出来,大有"春蚕到死丝方尽"之感觉。因此采燕窝时常看到"巢前滴血成红"的情形。母燕因操劳过度,有的竟身亡于巢中!

贴近人们生活、见证人们情感的是家燕。"去年燕子来,帘幕深深处。今年燕子来,谁听呢喃语?"、"旧时王谢堂前燕,飞入寻常百姓家。"古今多少文人雅士借言于燕,托兴玄妙,叹物是人非之悲、慷今昔非比之慨。

 小贴士——燕窝的重要价值

中国燕子种类繁多,只有金丝燕、针尾雨燕和白腰雨燕才产燕窝。犹以金丝燕窝最为名贵,其窝层肥厚,细嫩柔软,色泽透明,营养丰富,号称燕窝之首。除它产于大洲岛的峭壁缝隙之中外,大概和下面一段传说有关:相传该岛的燕窝洞发现于明代洪武25年(1392年),而真正涉险采窝则是从清代开始。1885年,清代爱国将领冯子材率部途经大洲岛,见一群鸟儿盘旋于一个呈"塔"状的岩洞间,唧唧喊喊,煞是好看,冯子材好生奇怪,找来一位渔民询问,方知这是金丝鸟,"塔"状的崖洞便是金丝鸟筑窝的洞穴。渔民还向冯子材诉说由于岩洞内悬崖峭壁,当地人曾为采集燕窝而葬身涌浪,尸骨难收,人们经常望燕兴叹,再也不敢提及采摘燕窝的事儿了。冯将军听后,挑选数名精壮勇士,立云梯,步步加固,终于攀爬进洞,采到了名贵的燕窝。事后冯子材还为燕窝洞写了一个"神恩广庇"的牌匾,人们自此才敢攀洞采窝,大洲岛的燕窝也因此而富丽生辉,越发名贵起来了。

空中齐翱翔

 万花筒

白居易·钱塘湖春行

孤山寺北贾亭西，水面初平云脚低。
几处早莺争暖树，谁家新燕啄春泥。
乱花渐欲迷人眼，浅草才能没马蹄。
最爱湖东行不足，绿杨阴里白沙堤。

动物惊奇

吃害虫大王——蜻蜓

◆蜻蜓

蜻蜓,对人们来说再熟悉不过了,有时家长们还捉几只给孩子玩,但很多人对它的奇特本领并不甚了解。蜻蜓是昆虫中飞行时翅膀扇动次数最少、飞行速度最快的。大蜻蜓的翅膀每秒扇动38次,飞行秒速是全世界科学界所公认的10米。体长不到5厘米的小蜻蜓,它的飞行速度,可以和世界女子百米短跑冠军的速度相媲美。当它追逐、捕捉小飞虫的时候,飞行速度还要快得多。

蜻蜓的外形特征

◆蜻蜓外形

蜻蜓一般体型较大,翅长而窄,膜质,网状翅脉极为清晰,飞行能力很强,每秒钟可达10米,既可突然回转,又可直入云霄,有时还能后退飞行。休息时,双翅平展两侧,或直立于背上。前翅和后翅不相似,后翅常大于前翅。翅的前缘近翅顶处,各有1个翅痣,可保持翅的震动规律性,并可防止因震颤而折伤。头部能灵活转动,复眼1对,较大,约占头部的二分之一,由2.8万多只小眼睛组成,是世

空中齐翱翔

界上"眼睛"最多的动物,视觉极为灵敏,咀嚼式口器。腹部细长、扁形或呈圆筒形,末端有肛附器。足细而弱,上有钩刺,可在空中飞行时捕捉害虫。雌雄交尾也在空中飞行时进行,多数雌虫在水面飞行时,分多次将卵"点"在水中,稚虫"水虿",在水中用直肠气管鳃呼吸。一般要经11次以上蜕皮,需时2年或2年以上才沿水草爬出水面,再经最后蜕皮羽化为成虫。稚虫在水中可以捕食其他小型动物,成虫除能大量捕食蚊外,有的还能捕食蝶、蛾、蜂等种类中的害虫,蜻蜓为益虫。

◆红蜻蜓

蜻蜓的交配也在飞行中进行。幼虫在水里生活,所以它点水实际上是在产卵。我们常见的所谓"蜻蜓点水",就是它产卵时的表演。

蜻蜓的生活习性

蜻蜓一般在池塘或河边飞行,幼虫(稚虫)在水中发育。成虫在飞行中捕食飞虫,食蚊、蝇及其他对人类有害的昆虫,但食性广,所以不能靠它专门防治某种虫害。

幼虫以鳃呼吸,常静息不动,猎物靠近时才射出能缠卷的唇以捕捉之。发育过程中蜕皮5～8次,蜕皮次数在种内与种间均有所不同,无蛹期。从卵孵出后数分钟,第一龄稚虫的鞘状表皮即裂开,释出蜘蛛状的第二龄稚虫,随着蜕皮次数的增多而长大。稚虫到最

◆蜻蜓点水

113

动物惊奇

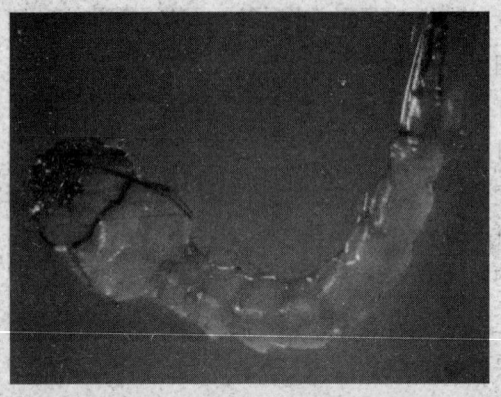

◆蜻蜓幼虫

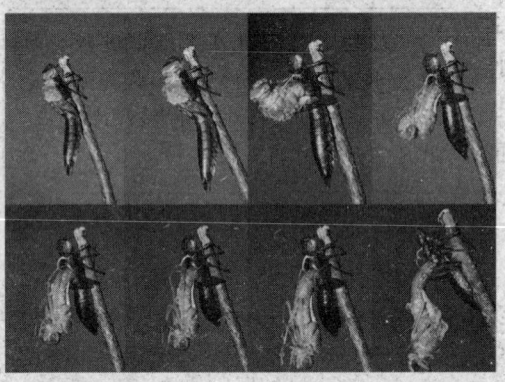

◆蜻蜓羽化过程

后一龄时,体内已形成成虫的器官,几天后稚虫爬出水面,蜕皮而露出成体(羽化)。最大的蜻蜓通常在日落后离水,日出前起飞,所以很少见到其羽化,较小的种类在白天羽化。

刚羽化的成虫体软,生殖系统不成熟,色泽尚未完善。其最初的活动之一为飞离水域。

交配的姿势独特,交配后雌体立即产卵,或经数小时、数天后产卵。成虫需有温暖的气候、食物和适于产卵的水体才能生殖。鱼、鸟会捕食蜻蜓幼虫,幼虫间也互相残食。它飞行迅速灵活,差不多能避开所有敌害。

羽化的成虫颜色各异,色度从金属色到粉色不等。它们也是飞行速度最快的昆虫之一,蜻蜓的飞行速度和敏捷性使它成为最有效率的飞行捕食者。猎物通常是飞行的小虫,但有些蜻蜓经常吃掉自身体重60%的猎物。

蜻蜓是蜻蜓目所有昆虫的通称,包括人们熟悉的蜻蜓、豆娘。成虫有两对等长的窄而透明的翅,脉序网状,翅前缘近翅顶处常有翅痣。胸部斜列,前胸小,能活动。足接近头部以便于捕食,腹部细长。复眼突出,触角小而不明显。

空中齐翱翔

蜻蜓的种类

蜻蜓可分为蜻蜓类的差翅亚目和豆娘类的束翅亚目（均翅亚目），另有将日本大绿和在印度发现的一种蜻蜓划为间翅亚目的。大型昆虫，也是有翅亚纲里的最原始的昆虫，翅发达，前后翅等长而狭；头部可灵活转动，触角短，复眼发达，有3个单眼，咀嚼式口器强大有力。雄虫交配器位于腹部二、三节腹板上。不完全变态，幼虫"水虿"生活在水中，用极发达的脸盖捕食。无论成虫还是幼虫均为肉食性，多食害虫。全世界约有5000余种，在我国约300种，最常见的蜻蜓有3种：碧伟蜓、黄蜓和豆娘，这3种蜻蜓基本上代表了蜻蜓目的各个科，即代表了大型、中型和小型蜻蜓。

◆碧伟蜓

许多蜻蜓科拥有与学名相关的描述性俗名，包括鹰眼、瓣尾、棍尾等。其他与分类学和事实无关的众多名称传统上一直用于蜻蜓，例如叮马蜻蜓。在美国南方，蜻蜓亦称为"蛇医"。"魔鬼补衣针"一词源自蜻蜓会缝住儿童眼睛、耳朵、嘴巴的迷信——特别是行为不检的儿童。事实上，蜻蜓对人类是没有危害的。

动物惊奇

花丛舞者——蝴蝶

你听过《梁祝》的故事吗？它非常唯美动人，故事的结尾梁山伯与祝英台化作了两只翩翩起舞的蝴蝶。那么，大家想不想去了解"美丽的飞花"——蝴蝶呢？蝴蝶一般色彩鲜艳，翅膀和身体有各种花斑，头部有一对棒状或锤状触角。最大的蝴蝶展翅可达24厘米，最小的只有1.6厘米。大型蝴蝶非常引人注目，专门有人收集各种蝴蝶标本，在美洲"观蝶"迁徙和"观鸟"一样，成为一种活动，吸引许多人参加。

◆蝴蝶

蝴蝶的发育过程

◆成年蝴蝶

蝴蝶一生发育要经过完全变态，即要经过四个阶段：卵、幼虫、蛹、成虫。

蝴蝶的卵一般为圆球形或椭球形，表面有蜡质壳，防止水分蒸发，一端有细孔，是精子进入的通道。不同品种的蝴蝶，其卵的大小差别很大。蝴蝶一般将卵产在幼虫喜食的植物叶面上，为幼虫准备好食物。

幼虫孵化出后，主要就是进食，要吃掉大量植物叶子，幼虫的形状多样，有肉虫，也有毛虫。蝴蝶危害农业主要在幼虫阶段。随着幼虫生长，一般要经过几次蜕皮。

空中齐翱翔

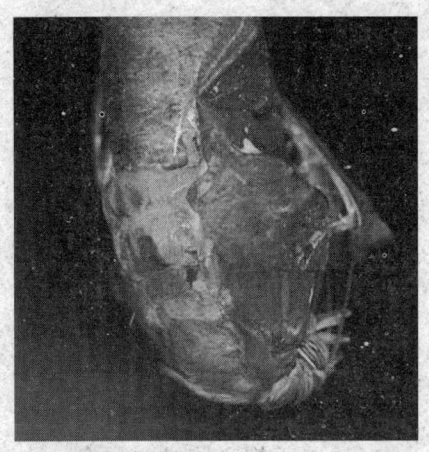

◆蝴蝶的蛹

幼虫成熟后要变成蛹，蝴蝶的蛹不吐丝作茧，幼虫一般在植物叶子背面隐蔽的地方，用几条丝将自己固定住，然后逐渐变硬，成为一个蛹。

成虫成熟后，从蛹中破壳钻出，但需要一定时间使翅膀干燥变硬，这时的蝴蝶无法躲避天敌。翅膀舒展开后，蝴蝶就可以飞翔了，蝴蝶的前后翅不同步扇动，因此蝴蝶飞翔时波动很大，姿势优美，所谓"翩翩起舞"，来源于蝴蝶的飞翔。成虫以花蜜为食物，有的品种也吸食树汁、水中溶解的矿物质等。一般蝴蝶成虫交配产卵后就在冬季到来之前死亡，但也有的品种会迁徙到南方过冬，迁徙的蝴蝶群非常壮观。目前比较闻名的蝴蝶越冬地点是美洲的墨西哥和中国的云南。

蝴蝶的种类

蝴蝶的种类繁多，根据有关文献显示，全世界现已记录的蝴蝶达1.4万多种。有四科仅分布于南美洲，因此在我国只有十二科。下面列举几种我国常见的种类：

凤蝶科。本科蝴蝶属中型至大型的美丽蝶种。常以黑、黄、白色为基调，饰有红、蓝、绿、黄等色彩的斑纹，部分种类更具有灿烂耀目的蓝、绿、黄等色的金属光泽。

◆大别凤蝶

多数凤蝶成虫下唇须退化（喙凤蝶属例外），触角端部逐渐加粗。前足胫节内侧具有大型中刺，端部具有对称的爪1对。前后翅近似三角形，两翅中室均为闭式。

 动物惊奇

◆锯粉蝶

◆大绢斑蝶

◆箭环蝶

粉蝶科。本科蝴蝶属小型至中型的蝶种。常以白色、黄色为基调，饰有黑、红、黄等色彩的斑纹，多数种类的翅膀表面如被粉状。

粉蝶科成虫的前足端部两爪间具有一个中垫（吸盘），因此它们能够停留在竖立的玻璃等光滑的垂直物体表面。

斑蝶科。本科蝴蝶属中型至大型的美丽蝶种。常以黑色、白色为基调，饰有红、白、黑、青蓝等色彩的斑纹，部分种类更具有灿烂耀目的紫蓝色金属光泽。

斑蝶成虫触角端部逐渐加粗，但不明显；前足退化，收缩不用，雄性前足为一跗节，雌性4～5跗节，爪全退化；胸部侧面常具有多数白斑；雄性腹部末端有可伸缩的长毛撮。

前后翅近似三角形，两翅中室均为闭式。前翅脉基部呈分叉状。后翅圆三角形，肩区具短小肩横脉；部分种类的雄蝶有香鳞斑或突出的香鳞囊。

环蝶科。本科蝴蝶多属中型至大型的蝶种。常以灰褐色、黄褐色为基调，饰有黑色、白色彩的斑纹。

环蝶成虫触角较短，末端部分逐渐加粗，但不明显；前足退化，收缩不用，雄性为一跗节，雌性4～5跗节，爪全退化。两翅面积较大，虫体较

小；前翅近似三角形。中室为闭式，后角向外突出，后翅近圆形，中室为开式。

蝴蝶成虫的生活习性

饮水：我们常常会看到蝴蝶停在潮湿的地上吸水，尤其是稍含咸味的水，最能吸引它们来饮。每当烈日临空的炎夏中午，在洼陷的山路上，在溪边，就有各式各样的蝴蝶成群聚集在那里吸水。

◆溪边的蝴蝶

取食：蝶类不是专门探花吸蜜的昆虫。由于种类不同，它们的摄食对象也大不相同，并且绝大部分是专食性的。

活动：每当早春或深秋的清晨，在田野里，常可见到一些蝴蝶张开翅膀，面向太阳取暖，等到体温上升到各自需要的活动始点时，它们才会开始活动。这种现象若到3000～4000米的高山上去观察，可以看得格外清楚。

栖息：蝶是昼出活动的昆虫，因此到了薄暮来临时，它们就各自选择安静和隐蔽的场所，进行栖息。栖息环境，依虫种而有不同，一般的种类都喜欢栖息在植物的枝叶上，有些种类则喜欢栖息在悬岩峭壁上面。

一般的蝶类是单独栖息的，但是也有些种类例如许多种斑蝶则是喜欢群聚在一起栖息的，其中褐脉棕斑蝶属著名的大量群栖的种类。

蝴蝶的迁移飞行：蝴蝶迁飞的群体有大有小，数量多时高达千百万只。迁飞的种群组成，有单一的，也有混杂的。迁飞的距离，有短有长，距离短的，仅在小范围内迁飞；距离远的，常常飞越洲或者横渡重洋，如威氏在1935年报告一则奇闻时说，褐脉棕斑蝶从墨西哥远距离飞迁到加拿大及阿拉斯加，共飞行了4000千米。

动物惊奇

蝴蝶奇观

当太阳从云层里穿出而光照射到大地上时，就可以看到各式各样的蝴蝶活跃地四处翩飞。假如太阳忽被云层遮蔽起来，那么它们就立刻停止了活动，瞬间，竟然完全看不到一只蝴蝶的影踪。当太阳重新照射时，它们又活跃如前，像这样有规律地一次又一次地重演着，非常有趣。知道了蝶类是一种变温动物，就不难解释上述现象了。

讲解——蝴蝶的主要特征

1. 多数蝶类翅膀正面的鳞粉色泽亮丽，翅表面不被毛绒；少数蛱蝶科的蝶类后翅根部被有较明显的毛绒。
2. 多数蝶类有顶端膨大的棒状触角。
3. 休息时四翅合拢竖立在背上。
4. 蝶类躯干上被毛稀疏（蛾类不同）。
5. 蝶类腹面可见的后翅根部呈弧形（贴接式），无翅缰。有助于飞行的速度提升，所以蝶类在白天活动普遍飞行速度快于蛾类。
6. 蝶的蛹赤裸，无茧。

陆地任驰骋

  草原中驰骋的骏马，它的奔跑，让我们感受了自然的魅力，感受了运动的魅力；憨态可掬的大熊猫不仅是我国的国宝，也是世界各国人民所喜爱的；上蹿下跳灵活自如的猴子可是我们人类的近亲；威风凛凛的老虎，有着无可替代的王者的风范。

  狗，一直以来都被人们认为是最忠诚的动物；猫，老鼠的克星；懒惰，一直都是猪的代名词，似乎贪吃贪睡就是猪的天性。关于动物，你还想了解哪些，或者还有什么问题，后续的阅读中你会得到明确答案的。

陆地任驰骋

无足的爬行动物——蛇

你听过白蛇与许仙的故事吗？蛇是无足的爬行类冷血动物的总称，身体细长，表面覆盖有鳞，四肢退化，无足，行走时妖娆多姿，部分有毒，但大多数无毒。蛇浑身是宝。蛇不仅出现在田间地头，更现身于我们的神话传说，比如《白蛇传》，十二生肖中也有蛇。如果没有蛇，食物链会崩溃，生态环境要被破坏，所以我们要保护蛇。

◆蛇

蛇类简介

蛇属于爬行纲蛇目，大部分是陆生，也有半树栖、半水栖和水栖的，以鼠、蛙、昆虫等为食。蛇类其貌不扬，形状色泽奇特，头颈高翘、躯尾摆动、快速行进，实在难以逗人喜爱。

蛇的行走千姿百态，或直线行走或蜿蜒曲折而前进，这是由蛇的结构所决定的。蛇身体细长，分头、躯干及尾三部分，四肢退化，身体表面覆盖鳞片，是真正的陆生脊椎动物，具有皮肤系统、骨骼系统、肌肉系统、

◆蛇头

"领先一步学科学"系列

动物惊奇

呼吸系统、消化系统、泄殖系统、神经系统、感觉器官和染色体等结构。蛇的捕食本领相当高强，能吞进比自己大许多倍的食物。蛇的寿命一般在几年到二三十年之间。

蛇的生活习性

◆变色蛇

◆正在蜕皮的五步蛇

蛇类喜居荫蔽、潮湿、人迹罕至、杂草丛生、树木繁茂、有树洞或乱石成堆、具柴垛草堆和古埂土墙，且饵料丰富的环境，这些都是它们栖居、出没、繁衍的场所，有的蛇栖居水中。有的蛇栖息于墓洞中，洞口可见稀稠成粒的粪便，这样我们就知道洞中有没有蛇了。蛇类的活动规律，以昼伏夜出居多，因品种而异。

蛇类以食鼠为主（也食蛙类、鸟类等），也见到过蛇掠食鸟卵的情景。它悄悄地爬上屋檐近侧的墙壁，游到家燕巢边，不断伸舌，惊走了亲鸟，当蛇发现其卵时，先行攻击，缠绕，待平安后，再行张开嘴巴，囫囵吞下。不要以为它的嘴巴小，实际上它能吞食相当于自身头部8～10倍大的食物。蛇吃足食物后，感到疲倦，进入休息状态，此时极易被人捕捉。

蛇的消化系统非常厉害，有些在吞食的同时就开始消化，还会把骨头吐出来；蛇的消化还要靠在地上爬行，利用腹部和不平整的地面

> 蛇类的产卵期一般在4月下旬到6月上中旬，因品种而异。所产蛇卵一般粘结成一个大的卵块，卵块中卵的数量为8～15枚不等。

"领先一步学科学"系列

124

陆地任驰骋

来摩擦。但是蛇消化食物很慢，每吃一次要经过5～6天才能消化完毕。

毒蛇的毒液实际上是蛇的消化液，一些肉食性的蛇消化液的消化能力较强，能溶解被咬动物的身体，所以表现出"毒性"，人的胆汁也属这种消化液。

蛇有冬眠的习性，到了冬天盘踞在洞中睡觉，一睡就是几个月，不吃不喝，一动不动地保持体力。待到翌年春暖花开，蛇就醒了，开始外出觅食，而且蜕掉原来的外衣。

蜕皮时，蛇的新旧皮之间会分泌出一种液体，这种液体有助于蛇的蜕皮。从蛇蜕的外衣直径和长度可测出蛇重量甚至说出蛇的名称。随着气温逐渐上升，到4月下旬至5月上中旬进入发情期。寻偶时，雌、雄蛇发出的鸣叫声清晰明亮，"哒哒哒"如击石声。

蛇类也喜欢在太阳光下进行日光浴，时间一般为上午10～12时左右。日光浴时，一般伏在地面草丛或缠绕在树干上，也有半身裸露在洞口外、石头堆外面呈盘蜷状的，姿态变化多端。

知识窗

蛇大概在1.5亿年前出现，毒蛇的出现则要晚得多，它是由无毒蛇进化而来，在2700万年前才出现。蛇的种类很多，遍布全世界，热带最多，目前世界上的蛇约有3000种，其中毒蛇有600多种。

知识广播

蛇的觅食

蛇经常处于饥饿或半饥饿状态，一般以"守株待兔"方式捕食，但有时也主动出击。至于蛇的觅食次数，因蛇类品种和大小而异。一般夏令觅食活动盛期，特别是产卵繁殖期，一日一次或隔天一次。蛇体稍大的，因觅食量较大，一般是3～7天左右进食一次。

"领先一步学科学"系列

125

动物惊奇

万花筒

蛇的长度

蛇的个体差异很大。分布在加勒比群岛的马丁尼亚、巴巴多斯等岛上的线蛇,是世界上最短的无毒蛇,只有9厘米长。分布在东南亚、印尼和菲律宾一带的蟒蛇,一般都超过6.25米,最长的可达10米左右。而南美洲的水蟒更长,竟达11米以上,体重100多千克。

链接:有毒蛇和无毒蛇

◆毒蛇的头

◆赤链蛇

有毒蛇和无毒蛇的体征区别有:毒蛇的头一般是三角形的,口内有毒牙,牙根部有毒腺,能分泌毒液;尾短,是突然变细的。无毒蛇头部是椭圆形,口内无毒牙,尾部是逐渐变细的。虽可以这么判别,但也有例外,不可掉以轻心。中国境内的毒蛇有五步蛇、竹叶青、眼镜蛇、蝮蛇和金环蛇等;无毒蛇有锦蛇、蟒蛇、火赤链等。

怎样识别有毒蛇和无毒蛇呢,一般人单凭头部是否呈三角形或者尾巴是否粗短,或者颜色是否鲜艳来区分,这是不够全面的。虽然毒蛇头部呈明显的三角形,但也有的毒蛇,头部并不呈三角形;而无毒蛇中的伪蝮蛇,头部却是呈三角形的。五步蛇、腹蛇和眼镜蛇的尾巴确实很粗大,但烙铁头的尾巴就较细长;很多色泽鲜艳的蛇,如玉斑锦蛇、火赤链蛇等并非是毒蛇,而蝮蛇的色泽如泥土或似狗屎样,很不引人注目,却很毒。

哪些无毒蛇容易与有毒蛇混淆呢?常被误认为是毒蛇的几种无毒蛇,由于外形特殊，色斑鲜艳，且性情凶恶，所以常被人视为是毒蛇而惊慌失措，其实这种蛇咬人时对人体是无害的，如虎斑游蛇（又叫野鸡勃子蛇）、赤链蛇（又叫火赤链）等。

> 世界上最毒的蛇为海蛇，这种蛇出没在澳大利亚西北海岸的阿西莫暗礁附近，它每次分泌微量毒液，就足以使上万只老鼠当场毙命。

外形或色斑与毒蛇容易混淆的无毒蛇黄链蛇（又叫黄赤链），由于背面有黑黄相间的横纹，常被误认为是金环蛇；黑背白环蛇，由于蛇背有黑白相间的横纹，也容易被错认为是银环蛇；颈棱蛇（又叫伪蝮蛇），体粗尾短，背面呈棕褐色，有两行粗大的深棕色斑块，头部略呈三角形，外形极像蝮蛇或蝰蛇；翠青蛇（又叫青竹标）由于通身都是绿色，所以常与竹叶青混淆。

蛇的作用及妙用

我们知道野生动物在维护自然生态环境方面起着极其重要的作用。野生动物物种都是生态系统中的重要一环，它们通过食物链的关系互相依存、互相制约。一旦食物链的某一环节出现问题，整个生态系统的平衡就会受到严重影响。青草→蝗虫→蛙（鼠）→蛇→鹰，这就是其中的一条食物链，如果人类无节制地捕猎野外

◆闻乐声起舞的蛇

的蛇，蛇就越来越少，导致森林、草地和农田的鼠害越来越猖獗，鼠害和虫害给农林牧业造成的损失是无法估量的，生态环境就会受到严重破坏。

蛇对音乐非常敏感，早在公元前3世纪，印度就有耍蛇的职业，在"蛇郎"吹奏的"蛇笛"中，一条条蛇袅袅起舞，舞姿灵活柔美，引人入胜。南美一些地方的蟒蛇还可以驯养成家蟒，负责守家和"照看"幼儿。印度尼西亚佛罗勒斯岛上居民饲养的无毒蛇能随同主人一起下地干活。一些国家还利用毒蛇来守卫金库，他们除了使用现代化的装置外，再放进一两条剧毒蛇，使盗金者望而生畏。

动物惊奇

 蛇没有脚，怎么能爬行呢？

实际上，蛇不仅能爬行，还爬行得相当快。蛇之所以能爬行，是由于它有特殊的运动方式：

一种是弯蜒运动，所有的蛇都能以这种方式向前爬行。爬行时，蛇体在地面上作水平波状弯曲，使弯曲处的后边施力于粗糙的地面上，由地面的反作用力推动蛇体前进，如果把蛇放在平滑的玻璃板上，那它就寸步难行，无法以这种方式爬行了，当然，不必因此为蛇担忧，因为在自然界是不会有像玻璃那样光滑的地面的。

第二种是履带式运动，蛇没有胸骨，它的肋骨可以前后自由移动，肋骨与腹鳞之间有肋皮肌相连。当肋皮肌收缩时，肋骨便向前移动，这就带动宽大的腹鳞依次竖立，即稍稍翘起，翘起的腹鳞就像踩着地面那样，但这时只是腹鳞动而蛇身没有动，接着肋皮肌放松，腹鳞的后缘就施力于粗糙的地面，靠反作用力把蛇体推向前方，这种运动方式产生的效果是使蛇身直线向前爬行，就像坦克那样。

第三种方式是伸缩运动，蛇身前部抬起，尽力前伸，接触到支持的物体时，蛇身后部即跟着缩向前去，然后再抬起身体前部向前伸，得到支持物，后部再缩向前去，这样交替伸缩，蛇就能不断地向前爬行。在地面爬行比较缓慢的蛇，如铅色水蛇等，当受到惊动时，蛇身会很快地连续伸缩，加快爬行的速度，给人以跳跃的感觉。

陆地任驰骋

陆上我最大——象

你亲眼见过大象吗？大象是陆上最大的哺乳动物，虽是纯粹的素食主义者，但因体型庞大，是森林中名副其实的大力士，且有长鼻和长牙作武器，因此在自然界中少有天敌，成年大象几乎无敌敢攻击，仅有狮、虎等少数几种大型食肉猛兽能对幼年乳象构成威胁。现代象是从始祖象进化而来的。

◆大象

大象简介

哺乳纲，长鼻目，象科，是现存最大的陆生哺乳动物，体重一般3～7吨。头大，体色浅灰褐色，被毛稀疏。四肢粗大如圆柱，支撑巨大身体，膝关节不能自由屈曲。它的嗅觉和听觉发达，视觉较差。在哺乳动物中，最长寿的动物是大象，寿命约60～70年。

象的耳朵：巨大的耳廓不仅帮助谛听，也有散热功能。天气炎热时，象的两片大耳朵用作扇子来散热。生气时，大象也会张开耳朵愤怒地舞动。

象牙：象牙不但是摄取食物的工

◆大象

"领先一步学科学"系列

动物惊奇

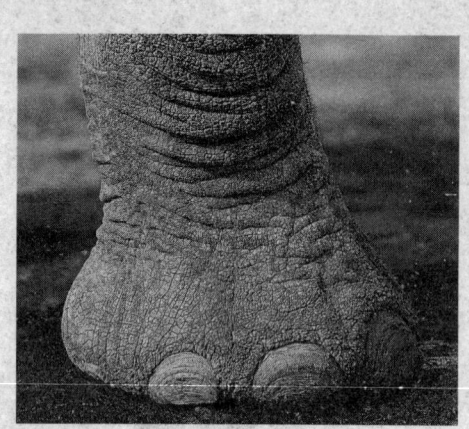
◆象脚

具,也是和敌人战斗时的武器。雄性(非洲象雌雄均有)具1对长獠牙,终生生长,是特化的上颌门齿。

象鼻子:象的嗅觉非常灵敏,鼻子没有骨骼,是由强壮的肌肉组成,非常有力,长鼻起着胳膊和手指的作用;鼻长几乎与体长相等,呈圆筒状,伸屈自如,能摄取水与食物送入口中,鼻尖有指状突起,很灵活,可以握住细小的东西。

象脚:象脚的前足为4趾,后足为3趾(亚洲象前足为5趾,后足为4趾),跷脚时,脚后跟就成了肉垫。

大象生活习性

象是群居性动物,栖息于多种环境,尤喜丛林、草原和河谷地带。以家族为单位,由雌象做首领,象群一般由20~30只象组成,但不会超过100只。每天活动的时间,行动路线,觅食地点,栖息场所等均听"女家长"指挥。而成年雄象只承担保卫家庭安全的责任。有时几个象群聚集起来,结成上百只大群。

象由于毛少,容易生皮肤病,所以需要经常洗澡或进行泥浴。象皮厚,有皱折,有的皱折纹路深达十几厘米,皮肤浅灰色,由于洗泥浴有时看起来好像是泥土的红棕色。褐色眼睛长眼毛,有一种罕见的白化象,白象眼睛一般是蓝色的。

象是草食性动物,食量很大,一头成年大象一天大约需吃300千克的食物。它们主要以树叶、果实、树枝、竹子等植物为主食。象在正常情况下每天要走3000~6000米去觅食,但迅速奔跑起来也能达到每小时36千米的速度。

陆地任驰骋

  大象的求爱方式比较复杂，每当繁殖期到来，雌象便开始寻找安静僻静之处，用鼻子挖坑，建筑新房，然后摆上礼品。雄象四处漫步，用长鼻子在雌象身上来回抚摸，接着用鼻子互相纠缠，有时把鼻尖塞到对方的嘴里。象的妊娠期长达600多天，一般每胎1仔。

大象的种类

非洲象

  非洲成年象很强悍，一般体重4000千克以上，大的可将近1万千克。非洲象的耳朵非常大，上下可长达1.5米。有21对肋骨和最多26节尾椎骨。非洲象的前额突起，背部更加倾斜，肩部是最高点，鼻端有两个指状突，不论雌雄都有长而弯的象牙，但雌性的小得多，体长6～7.5米，尾长1～1.3米，肩高3～4米。雌象每胎产一仔，一

◆非洲象

般7、8月间出生，孕期约21～22个月，13～14岁性成熟，寿命可达60～70年。非洲象很聪明，不难驯顺，但很少像亚洲象那样为人役用。

  近年来的研究表明，非洲象有两种：非洲草原象和非洲森林象。常见的非洲草原象是世界上最大的陆生哺乳动物，耳朵大且下部尖，性情及其暴躁，会主动攻击其他动物。非洲森林象耳朵圆，个体较小，一般不超过2.5米高，前足5趾，后足4趾（和亚洲象相同），象牙较直、质地更硬且呈粉红色，足下肉垫厚，更适应缺水的生活，它非常知道节约用水，而且会在沙漠中寻找水源。

动物惊奇

大象的分布

长鼻目曾有6科，其中5科已灭绝，仅余象科1科2属2种动物，即亚洲象和非洲象。

非洲象有着大大的、松软的耳朵，广泛分布于整个非洲大陆，主要居住在非洲草原；而亚洲象的耳朵要小些，主要分布在印度、斯里兰卡、泰国、缅甸和我国云南等地。

亚洲象

亚洲象的保护类别：为中国 I 级保护动物，被列入濒危野生动植物种国际贸易公约。

亚洲象是亚洲哺乳动物中的庞然大物，只有一种，也叫印度象。分布在东南亚、我国的云南、印度、缅甸、马来西亚、印度尼西亚和斯里兰卡等地。栖息在各种地带，从茂密的森林地区到开阔的草原。它的前额扁平，头顶

◆亚洲象

是最高点，鼻端只有一个指状突，雌象没有象牙，即使是雄象也有一半没有象牙或象牙很小。

亚洲象体长5.5~6.4米，尾长1.2~1.5米，肩高2.5~3米，体重约5000千克。

亚洲象清晨、黄昏和夜晚活动，炎热的白天休息，无固定栖地，食物短缺时迁徙到其他地区，行进时排成单行，雌象带头，幼象居中，雄象居后。它们主要食用草、树叶、嫩芽和树皮，如果可以找到，亚洲象也会吃农作物如香蕉和甘蔗。亚洲象生活中水是必不可少的，会长途跋涉去寻找水源。无固定繁殖季节，每胎产1仔，孕期607~641天，9~12岁性成熟，寿命可达60~70年。

陆地任驰骋

亚洲象很聪明，性情温和，受到良好对待时会变得非常驯顺。数世纪以来人们就驯养亚洲象，用以狩猎、驮运货物和搬运树木等。

 知识库——大象的独特之处

大象是最独特的动物之一。独特到什么程度呢？大象的独特首先表现在它的庞大。它是现存最大的陆地动物，能长到高达4米，重达7000千克，是体重排在第二位的犀牛的两倍。它的形状也很独特，最引人注目的当然是那长长的鼻子，以及巨大的耳朵。大象还有一个特征比较少有人注意到，那就是身上的毛发极其稀疏。身披毛发是哺乳动物的特征之一，99%以上的陆地哺乳动物都有皮毛，大象是罕见的例外。

◆象皮

大象不长毛的一个因素，是气候。大象生活在地球最炎热的地带，体型庞大，散热就成了一个极其严重的问题。既然体热来源于细胞代谢过程，那么细胞越多，产生的热量就越多，也就是说，身体体积越大，产热越多。体热的散发主要是通过皮肤进行的，身体表面积越大，散热越快。大象皮毛极其稀疏易于散热。

大象的体积大约是狮子的30倍，即产生的体热大约是狮子的30倍，但是大象皮肤总面积大约只是狮子的10倍，还有20倍的热量需要设法散掉。因此不能像狮子那样保留妨碍散热的体毛。大象的体积大约是犀牛的2倍，但是表面积仅仅是犀牛的大约1.5倍。把体毛去掉对犀牛是够了，对大象还不够，还必须有其他的办法来帮助散热。什么办法呢？长一对巨大的耳朵。大象的耳朵不仅大，而且薄，里面充满了血管，血流经这里，很容易就把热量散发了。特别是扇动起来，更容易把耳朵里的血的温度快速降下来，能让血温降低5℃，冷却的血在体内循环，帮助把全身的温度降下来。

大象有着很大的力气，能轻而易举地推倒大树。因此，即使是最凶猛的狮子，有时也怕它三分。象的智商很高，会使用人类听不懂的声音互相联络，现在已知的有5种。

动物惊奇

草原霸主——狮子

◆狮子

你知道草原的统治者是谁吗?答案是狮子。狮是唯一一种雌雄两态的猫科动物。狮的体型巨大,公狮身长可达180厘米,母狮也有160厘米。综合统计,非洲雄狮平均体重185千克,全长2.7米,是最著名的猫科霸主。

狮子的特征

◆非洲狮子

狮的头部巨大,脸形颇宽,鼻骨较长,鼻头是黑色的。狮的耳朵比较短,很圆,母狮的耳朵好像是个短短的半圆,而美洲狮的耳朵则比较长,也比较尖。狮的前肢比后肢更加强壮,它们的爪子也很宽。狮的尾巴相对较长,末端还有一簇深色长毛。狮的毛发短,体色有浅灰色、黄色或茶色,不同的是雄狮还长有很长的鬃毛,鬃毛有淡棕色、深棕色、黑色等,长长的鬃毛一直延伸到肩部和胸部。那些鬃毛越长,颜色越深的雄狮或许在雌狮眼里是英武挺拔的"帅哥",常常更能吸引"女士们"的注意。

狮子的生活习性

狮属群居性动物。一个狮群通常由4~12只有亲缘关系的母狮、它们的孩子以及1~6只雄狮组成。这几只雄狮往往也有亲属关系,例如兄弟。一个狮群成员之间并不会时刻待在一起,不过它们共享领地,相处比较融洽。例如,母狮们会互相舔毛修饰,互相哺育和照看孩子,当然还会共同狩猎。狮群中的母狮基本是稳定的,它们一般自出生直到死亡都待在同一个狮群,当然狮群也会接纳新来的母狮。但公狮常常是轮换的,它们在一个狮群通常只待两年(也有长达6年的记录),要么是被年轻力壮且更有魅力的"男性"赶走,要么是自己厌倦了,离家出走以寻找新恋情和家庭。听说还有些雄狮本领和魅力大到能控制附近的其他狮群,能同时维持两个"家"。狮群的领地范围大小不等,最大的领地能超过400平方千米,边界用排泄物划分。有时相邻狮群间的领地会交叠,不过它们很少以暴力解决这种问题。

◆雄狮

◆母狮

狮子的繁殖

狮群中的母狮可能会在任何时候进入婚配状态,而且母狮们在这点上

动物惊奇

总有同步性，对于这种奇特有趣的现象，科学家们还没有透彻了解其背后的机制。

◆母狮和狮宝宝

狮宝宝们在4周大的时候开始尝试吃肉，通常是妈妈回吐给它们半消化的肉食。长到6～7个月的时候，它们就基本断奶了，这时候身上的斑点也慢慢消失。不过有个别幼狮直到成年都一直带有这种斑点，虽然很不清晰。幼狮一般会随着妈妈长到2岁左右，就面临严酷的独立问题了。而要到性成熟，小雌狮得长到2～3岁，小雄狮则要5～6岁，那时候青年独立团也在外混了好几年，已经强壮到能和其他狮群的雄性打架了。

母狮的妊娠期一般有100～119天，每次可能生1～6个宝宝（通常是2～4个）。宝宝刚出生的时候身上带有石色的斑点，特别是腹部和腿上。

狮群中的雄性成员当然也不完全是白吃白住，它们除了承担一半繁衍后代的任务，还要和草原上游荡的流浪汉们作斗争，这不但关乎自己在群中的地位，包括交配权，还涉及它的后代的性命。

狮子一般以食肉为主，通常捕食比较大的猎物，例如野牛、羚羊、斑马，甚至年幼的河马、大象、长颈鹿等等，当然对小型哺乳动物、鸟类等等也不会放过。

讲解——狮群的狩猎

狮群中的狩猎工作基本由雌性成员完成。它们不论白天黑夜都可能出击，不过夜间的成功率要高一些，尤其是月黑风高的夜晚……风对狮捕食来说一般没多少影响，不过要是遇到大风天，它们可能就会占了便宜，因为风吹草动制造的噪音会掩盖住这些雌性猎手靠近的声音。这些"巾帼英雄"们总是协同合作，尤其是猎物个头比较大的时候。这些"女士"们总是从四周悄然包围猎物，并逐步

缩小包围圈,其中有些负责驱赶猎物,其他则等着伏击。尽管这招看着厉害,但实际上它们的成功率只有20%左右。如果狩猎地比较容易藏身,它们才容易获得成功。如果一旦吃饱了,它们能5、6天都不用捕食。

不过尽管不参加捕猎,雄狮仍然受到母狮的尊重,于是捕猎回来的战利品通常先由雄狮享用,等它们用膳完毕才是地位最高的母狮,最后才是孩子们。

◆狮子捕食

狮子爱吼叫,而且会经常吼叫,这并不是愤怒,其实它的吼叫主要为了宣誓其领地权,威慑其他狮子或食肉动物,使它们不敢进入自己领地,显示它的威风。狮子是所有猫科动物中,吼声最大,也是次声波传播最远的,因为它的喉软骨最发达。有新的狮王打败老狮王后,会长时间大吼,甚至能连续吼几夜,以宣示新的狮王诞生了。

狮子的分布

狮子过去曾生活在欧洲东南部、中东、印度和非洲大陆。生活在欧洲的狮子大约在公元1世纪前后因人类活动而灭绝,生活在亚洲,尤其是印度的狮子差点在20世纪初被征服印度的英国殖民者宛如抽风般猎杀殆尽,幸好一向将狮子奉为圣兽的印度人最

◆一对亚洲狮

后保住了它们,将它们安置在印度西北古吉拉特邦境内的吉尔国家森林公园内。那里的狮子如今已繁衍了约300~400只。生活在西亚的亚洲狮因偷猎而灭绝后,吉尔国家森林已成了亚洲狮最后的栖息地。

动物惊奇

链接：狮子的分类

Panthera leo barbary　巴巴里狮（北非狮，阿特拉斯狮，已灭绝）
Panthera leo melanochaita　开普狮（好望角狮，已灭绝）
Panthera leo nubica　东非狮
Panthera leo krugeri　南非狮（克鲁格狮）
Panthera leo hollisteri　刚果狮
Panthera leo massaicus　马赛狮
Panthera leo bleyenberghi　布伦贝尔狮
Panthera leo somaliensis　索马里狮
Panthera leo azandica　北刚果狮
Panthera leo verneyi　卡拉哈里狮
Panthera leo persica　亚洲狮
Panthera leo roosevelti　埃塞俄比亚狮
Panthera leo senegalensis　塞内加尔狮

目前已有两个亚种被人类灭绝：

P. l. Banlang：巴巴里狮子，生活在北非，于1922年灭绝。

P. l. melanochaita：开普狮，生活在南非开普省，于1865年灭绝。

陆地任驰骋

森林之王——老虎

你去过野生动物园吗？你见到老虎了吗？老虎是体型最大的猫科动物，是一种高度进化的猎食动物，也是自然界生态中不可或缺的一环。老虎拥有猫科动物中最长的犬齿、最大的爪子，集速度、力量、敏捷于一身，前肢一次挥击力量达 1000 千克，爪刺入深度达 11 厘米，跳跃能力强，一跳约 8～10 米远、2 米高，是最为完美的捕食者，位居食物链终端，自然界中无天敌，只害怕人类，被喻为"森林之王"。

◆万兽之王——老虎

虎的外形特征

◆老虎写真

虎，俗称老虎，是哺乳纲豹属猫科动物中体型最大的一种，体型以东北虎为最大，而苏门答腊虎体型则最小。虎的体毛颜色有浅黄、橘红色等，它们巨大的身体上覆盖着黑色或深棕色的横向条纹，条纹一直延伸到胸腹部，这个部位的毛底色很浅，一般为乳白色。一般来说，所有的虎，冬天的毛都会比夏

动物惊奇

◆粗壮的虎腿

天长，体毛颜色和花纹也会比较浅。

虎的头骨滚圆，脸颊四周环绕着一圈较长的颊毛，看起来威风凛凛，雄性虎的颊毛一般比雌性虎长。虎的鼻骨比较长，鼻头一般是粉色的，有时还带有黑点。它们的耳朵很短，形状如半圆，耳背是黑色的，中间有个明显的大白斑。虎的四肢强壮有力，前肢比后肢更为强健。它们的尾巴又粗又长，并有黑色环纹环绕，尾尖通常是黑色的。

虎的生活习性

虎是典型的山地林栖动物，在南方的热带雨林、常绿阔叶林，以及北方的落叶阔叶林和针阔叶混交林，都能很好地生活。虎基本上是单身主义的夜行动物，每只虎都有自己的领地。当雄虎和雌虎巡视领地时，会举起尾巴将有强烈气味的分泌物和尿液喷在树干上或灌木丛中，界定自己的势力范围；有时也会用锐利的爪在树干上

◆雄虎和雌虎

抓出痕迹，以界定自己的势力范围。虎的活动范围较大，一般在500～900平方千米，最大的可达4200平方千米以上。在北方觅食活动范围可达数十千米，在南方西双版纳因食物充足则活动距离较短。虎对于环境具有高度的适应能力，在亚洲分布很广，从北方寒冷的西伯利亚地区，到南亚的热带丛林，以及高山峡谷等地，都能见到其优雅威武的身影。

老虎通常捕食大型哺乳动物，包括各种野鹿、野羊、野牛、野猪，有时也捕捉各种小动物，像鸟类、猴子、鱼等等。它们连昆虫和浆果也吃，为了帮助消化，也会偶尔啃点草。尽管虎是独居动物，并有着自己的领地，雄虎仍会常和自己的配偶及孩子们待在一起。成年的老虎每次食肉量

陆地任驰骋

◆正在猎食的虎

为 17～27 千克，体型大的每顿可达 35 千克。

虎最精良的攻击武器就是粗壮的牙齿和可伸缩的利爪。捕食时异常凶猛、迅速而果断，以消耗最少的能量来获取尽可能大的收获。但它捕食猛兽时，若没有足够的把握绝对不干。

由于脚上生有很厚的肉垫，老虎在行动时声响很小，机警隐蔽。

老虎遇到猎物时会伏低，并寻找掩护，慢慢潜近，等到猎物走进攻击距离内，就突然跃出，攻击其背部，这是为了避免遭到猎物反抗被伤到。老虎会先用爪子抓穿猎物的背部并且把它拖倒在地，再用锐利的犬齿紧咬住它的咽喉使它窒息，不然就是咬断颈椎，直到猎物死亡才松口。这种攻击方式也是猫科动物最典型的攻击方法。

 链　接

虎的喜好

1. 爱水并且擅于游泳。
2. 昼伏夜出。
3. 只要在植物浓密也有水的地方便可居住。
4. 喜欢以四处撒尿、排粪、抓磨树干来划清界线。

 链接——虎的繁殖

虎一向是独居，没有固定的繁殖期，不过它们常在每年的 11 月至次年的 4 月间四处寻找自己的心上人。这种时候虎女士可能有好几个倾慕者追求呢，当然，只有比武获胜的一方才能赢得美人的爱情。

我国现存的老虎有：东北虎，华南虎，印支虎，孟加拉虎。

动物惊奇

母虎的孕期大约有93～112天，每次通常产下2～3个宝贝，最多可能会生下7个！宝宝们通常在6～14天后睁眼，20天左右学会走路，5～6个月断奶（东北虎3个月左右），长到一岁大的时候就能和妈妈一起狩猎了。虽然此时它们可以独立生活了，通常还会和妈妈待在一起，直到2岁左右它们才会离开母亲，独自去寻找新领地。

你知道老虎有几种吗？

◆东北虎

◆华南虎

老虎都生长在亚洲，是亚洲特产，目前普遍认为共有9个亚种，其中3个已经绝灭，其余的6种都被列为濒危和部分处于极危。

东北虎：（又名西伯利亚虎）是体型最大的虎，体长约158～225厘米，雄性体重达180～306千克，雌性体重100～167千克。体毛较长而密，体色较淡，身体上黑色斑纹疏，腹部的白色延伸到身体两肋部。分布于俄罗斯东南西伯利亚、朝鲜及中国东北小兴安岭和长白山一带。由于栖息地被破坏及盗猎猖獗，使得西伯利亚虎的数量锐减。

华南虎：是所有种类的老虎中最为濒临灭绝的一种，数量极为稀少。华南虎体型较小，雄虎从头至尾端全长约2.5米，体重接近150千克；雌虎更小，全长约2.3米，体重接近110千克。体色橘黄略近赤，背部较深，全身具黑色纵纹，色深而宽且较密。曾经主要分布于我国东南、西南、华南各省。

孟加拉虎：又叫印度虎，国外见于缅甸、印度、尼泊尔、孟加拉等国，在我国主要分布于云南南部、西藏东南部。这种虎生活在森林、山地和丘陵等自然环境中。夜行，主要以有蹄类为食，如野鹿和野牛，偶尔有

陆地任驰骋

攻击人和家畜的现象。孟加拉虎平均体型小于东北虎，是体型第二大老虎亚种，野外寿命约15年。由于栖息地被破坏加上盗猎，使孟加拉虎的数量日益减少。

苏门答腊虎：体型最小，分布于印度尼西亚的苏门答腊岛。脸部周围的颊毛较长，胡须也长，全身鹅黄色，黑色条纹显著，狭窄且较密，可使它们藏身于草丛中。

印度支那虎：体型较孟加拉虎小，大约有 2.30～2.85 米长，雄性体重 145～200 千克，主要分布在东南亚大陆东部、越南、老挝、柬埔寨、泰国、马来西亚、缅甸和中国等。由于当地多年的战争，数量大幅减少。

马来亚虎：分布在马来半岛的泰国南部与马来西亚境内，早前一直被视为印度支那虎的一支，2004年经过基因分析确定为一个不同于印度支那虎的亚种，亲缘上与苏门答腊虎、爪哇虎及巴厘虎更接近。

巴厘虎：生活在印度尼西亚的巴厘岛，于20世纪30年代灭绝。

爪哇虎：只生活在印度尼西亚的爪哇岛上，于20世纪80年代灭绝。

里海虎：分布在土耳其至亚洲中部以及西部，于20世纪70年代灭绝。

◆孟加拉虎

◆印度支那虎

链接——更多有关虎的知识

虎为十二生肖之一，排行第三，称为寅。

虎的保护级别：1989年虎被作为国家一级保护动物严加保护，建立了自然保护区，并在许多动物园进行东北虎和华南虎的圈养繁殖。

在中国文化中，虎被看作是美丽、勇猛的象征。我国古代在调兵遣将的兵符上面就用黄金刻上一只老虎，称为"虎符"。

动物惊奇

　　华南虎和人接触比较多，中国历史上描写的虎人斗争的故事都是说的华南虎。

　　白虎是孟加拉虎的一种变种。由于基因突变，导致孟加拉虎原本橙黄色底、黑色条纹的毛发，转变成白底黑纹。到目前为止，野生白虎只发现了几十只。它们身上的毛呈乳白色的，眼睛呈淡蓝色，鼻子和脚掌为粉红色。第一只野生孟加拉白虎于1951年在印度被发现并捕获，被取名为"莫罕"。世界上现有人工饲养的几百只白虎，全都是它的子孙。

陆地任驰骋

运动全能——熊

玩具熊宝宝笨头笨脑，十分可爱，人们总想去抱抱它。可是要记住，真实的熊是十分凶猛的动物，所以，除了可爱的熊宝宝玩具外，千万别去抱任何熊哦。熊，食肉目熊科的杂食性哺乳类，以肉食为主，是陆上肉食类中体型最大的动物。它们有一身厚厚的皮毛，又小又圆的耳朵，又粗又短的腿，走起路来摇摇晃晃，看上去非常可爱。它们行动缓慢，善于爬树，也能游泳，算是动物中的"全能健将"呢。

◆熊

熊的外形特征

熊躯体粗壮肥大，毛又长又密，脸形像狗，头大又圆，颈短，嘴长，眼睛与耳朵都较小，白齿大而发达，咀嚼力强，四肢强健粗壮有力，脚上长有5只锋利的弯爪子，用来撕开食物和爬树，尾巴短小。熊平时用脚掌慢吞吞地行走，但是当追赶猎物时，它会跑得很快，而且后腿可以直立起来。常见的特征有短尾、极佳的嗅觉、5个无法收缩的爪，以及长、密、粗的毛。幼崽刚出生时，它的大小与天竺鼠差不多，至少要与其母亲生活一年。

◆准备冬眠的狗熊

"领先一步学科学"系列

动物惊奇

熊的生活习性

◆北极熊

熊是由一种类似犬一样的祖先进化而成的，是犬科动物进化道路上的一个分支。熊科动物基本上都已偏离了食肉的习性，而成为杂食性动物了。

大多数熊食性很杂，既食青草、嫩枝芽、苔藓、浆果和坚果，也到溪边捕捉蛙、蟹和鱼，掘食鼠类，掏取鸟卵，更喜欢舔食蚂蚁，盗取蜂蜜，甚至袭击小型鹿、羊或觅食腐尸。但是北极熊比较特殊，主要吃鱼和海豹。熊的视觉和听觉都不太灵敏，但嗅觉非常发达。

生活在北方寒冷地区的熊有冬眠现象，而位于亚热带和热带地区的黑熊往往不冬眠。熊冬眠时间可持续4～5个月，在冬眠过程中如果被惊动它会立即苏醒，偶尔也会出洞活动。熊冬眠的洞穴一般选在向阳的避风山坡或枯树洞内。除冬眠期外，熊没有固定的栖息场所。除了发情交配期外，其余时间熊都单独活动。母熊一般1胎产1～4崽。

熊一般是温和的、不主动攻击人的动物，也愿意避免冲突，但当它们认为必须保卫自己或自己的幼崽、食物或地盘时，也会变成非常危险而可怕的野兽。

 小贴士——熊的体型差别

熊氏家庭成员体型差别较大，体型有大有小。最大的是棕熊（约780千克），北极熊次之（约700千克），然后是美洲黑熊（约220千克）、亚洲黑熊（约150千克）、懒熊（约140千克）、眼镜熊（约140千克）、马来熊（约60千克）。

熊的嗅觉十分灵敏，视力与听觉比较差。它们的牙齿用来防御和当作工具，爪子可以用来撕扯、挖掘和抓取猎物。

速度最快的熊时速可以达到48千米/小时，棕熊在崎岖山路上速度可以达到30千米/小时，速度很快。所以，可不能认为熊的速度很慢噢，它比人类跑得快多了！

> 熊种类较少，全世界仅有7种，中国有3种（马来熊、棕熊、亚洲黑熊），熊有棕熊、黑熊、北极熊等等之分，其中棕熊体型最大，北极熊次之，一般越靠近南方的体型越小。

熊的种类

高度近视的亚洲黑熊：亚洲黑熊又叫狗熊、月熊，还有个俗称叫黑瞎子。为什么叫它"瞎子"呢？因为它天生近视，百米之外看不清东西，不过它的耳、鼻灵敏，顺风可闻到500米以外的气味，能听到约150米以外的脚步声。别看它外表愚拙，实际上机警过人，能长时间依靠后腿站立，并利用前爪攻击对手或者获得食物。平时黑熊以植物为主食（你一定听过黑瞎子掰苞米的故事），在秋季却大吃昆虫等动物性食品，在体内贮存大量脂肪准备在树洞里冬眠。它的特长是爬树、游泳。因为眼神不济，所以练就了一身昼夜都行动自如的本领。黑熊多数时候在夜间出行，白天则躲在树洞或岩洞中休息。亚洲黑熊分布于中国、印度、俄罗斯、日本、蒙古等国。

◆亚洲黑熊

◆懒熊

靠"吸尘器"过日子的懒熊："吸尘器"是对懒熊嘴部功能的形象比喻。生活于印度和斯里兰卡热带森林中的懒熊形象奇特，下唇长而善动，

动物惊奇

◆马来熊

◆眼镜熊

◆水中北极熊

形状像舌头，没有上门牙，嘴可以伸进昆虫藏匿的缝隙中，像吸尘器一下把猎物席卷入口。懒熊的视觉极差，靠嗅觉和听觉活动，所以它选择了夜间出击、白天酣睡的生活习惯，于是人称懒熊。小懒熊常骑在母熊背上来来去去，寸步不离，其母子感情大大强于其他熊类的母子关系。

攀爬高手——马来熊：马来熊又叫太阳熊或日熊，分布于印尼、缅甸、泰国、马来半岛及中国南部边境的热带、亚热带山林中，是熊家族中体型最小的一种，体重只有60千克。马来熊的看家本领是攀爬，于是它把大部分时间都花在了树上，把家也安在枝叶之间。马来熊主要吃植物果、叶以及昆虫和白蚁。夜间是马来熊的天下，而白天它却会悠闲地躺在树上晒太阳。

胃口极好的棕熊：棕熊遍布亚、欧、北美三大洲，其中阿拉斯加棕熊最大，最重近800千克，站立时有两人高，是现存世界上最大的食肉目动物。而叙利亚棕熊却很小，体重不足90千克。我国的棕熊一般在200～500千克。棕熊的胃口可以说是好极了，荤的、素的都爱吃。植物、昆虫、蜂蜜、鱼类，甚至鹿、羊、牛都能一概吃下，所以比较凶猛，枪法不好的猎手往往反而会成为棕熊的猎物。

爱吃植物的眼镜熊：眼镜熊又叫南美熊、安第斯熊，产于南美，是现在唯一分布于南半球的熊，也是最爱吃植物的一种熊，吃各种果、叶、根、茎，很少吃昆虫，因眼睛四周有白圈而得名。眼镜熊善于登高爬树，

陆地任驰骋

通常独自活动，偶尔以小家庭为单位，共住在一棵大树上。

冰山巨无霸——白熊：就是指北极熊，它们生活在北极的莽莽冰原上，体大凶猛，以猎取海豹、幼海象、幼鲸、海鸟、鱼类为生，在北极地区是"土皇帝"，几乎打遍北极无敌手！貌似笨重的北极熊，行动却十分敏捷，短跑时甚至能撵上驯鹿或北极兔。同时，它也是冰泳高手，游泳时速达10千米，潜水时间可达2分钟，在冰水中游上百公里不在话下，堪称"半水栖兽类"。北极熊是生活在最北部、食肉性最强的一种熊。

 开心驿站

喜欢"假离婚"的美洲黑熊：美洲黑熊分布在加拿大及美国中部和东部的森林，别看它叫"黑熊"，其实它的身体颜色有很多种，黑色、棕色、灰色……连白色都有。美洲黑熊常在6~7月份"娶妻生子"，不过等小熊过完一周岁生日后，一家子便各奔东西，熊爸爸、熊妈妈也各自生活，看上去像"离婚"一样，可到了下一年的6~7月份，它们就复婚，重新考虑生育下一代的事。

 讲解——熊的分布范围

熊，从寒带到热带除澳洲、非洲南部外，都有分布。

熊科中分布最广泛的是棕熊，分布于欧亚大陆和北美洲的大部分地区，但数量不多。不同地方的棕熊体型习性有一定的差距，最大的阿拉斯加棕熊体重可达600~800千克，而小型的棕熊体重不及100千克。

唯一能和阿拉斯加棕熊相比的是北极熊，生活在北冰洋附近。北极熊和棕熊是仅有的跨洲分布的熊，其他的熊有3种分布于亚洲，一种分布于北美洲，一种分布于南美洲。这几种熊体型均小于北极熊和多数棕熊，毛色以黑色为主，亚洲特有的几种棕熊胸前还有月牙形的白斑。

亚洲一种食性比较特殊的熊是南亚的懒熊，主要以昆虫为食。东南亚的马来熊是体型最小的熊。亚洲黑熊是典型的杂食性的熊，它是中国最常见的熊，但仍然属于珍稀物种。

北美洲的美洲黑熊可能是现存数量最多的一种熊，广布于北美各地，北起阿

动物惊奇

拉斯加，南到墨西哥。美洲黑熊虽然以黑色为主，但也有很多其他颜色，包括深褐色、红棕色甚至白色。

南美洲的眼镜熊因有类似大熊猫的黑眼圈而得名。眼镜熊是南美洲唯一的熊，生活在南美洲安第斯山的森林中，也出现在较开阔的地方。

 熊为什么冬眠又不脱水？

◆冬眠熊

缺乏食物是动物冬眠的主因，如果食物充足，许多熊不会冬眠，反而会整个冬天都在狩猎。但食物不多时，熊就会躲在洞中过冬。

小型哺乳类动物在冬眠时体温会急速下降，但熊的体温只会下降约4℃，不过心跳速率会减缓75％。一旦熊开始冬眠后，它的能量来源就从饮食转换为体内储存的脂肪。这种化学作用的变化十分剧烈。脂肪燃烧时，新陈代谢会产生毒素。但熊在冬眠时，细胞会将这些毒素分解为无害的物质，再重新循环利用。（人体内没有这种机制，如果毒素累积，人类会在一周内死亡。）这种生化作用也让熊可以回收体内的水分，因此熊在冬眠时不会排尿，也就不会脱水。

陆地任驰骋

吃竹子的国宝——大熊猫

我们的国宝大熊猫憨态可掬，活泼可爱。大熊猫，或称熊猫，属于食肉目的一种哺乳动物，体型肥硕似熊，体色多为黑白两色，生长于中国西部四川、陕西汉中及甘肃陇南的山区中，是中国特有物种。由于生育率低，加上对生活环境的要求相当高，在中国濒危动物红皮书等级中被评为濒危物种。大熊猫是中国国宝，也是中国作为外交活动中表示友好的重要代表。

◆大熊猫

大熊猫的特征

大熊猫身体胖软，体型肥硕似熊，但头圆，颈粗短，耳小，尾短，四肢粗壮，头部和身体毛色黑白相间分明。躯干和尾白色，两耳、眼周、四肢和肩胛部全是黑色，腹部淡棕色或灰黑色。特别是那一对八字形黑眼圈，犹如戴着一副墨镜，非常惹人喜爱。

◆玩耍中的大熊猫

"领先一步学科学"系列

动物惊奇

大熊猫的生活习性

◆野生大熊猫

大熊猫居住于海拔2400～3500米的高山竹林中，其生活环境湿度很大，温差也比较大。它们栖息于长江上游各山系的高山深谷，为东南季风的迎风面，气候温凉潮湿，其湿度常在80%以上，故它们是一种喜湿性动物。它们活动的区域多在坳沟、山腹洼地、河谷阶地等，一般在20°以下的缓坡地形。这些地方土质肥厚，森林茂盛，箭竹生长良好，构成一个气温相对稳定、隐蔽条件良好、食物资源和水源都很丰富的优良食物基地。

野外生活的大熊猫，平均寿命约为15岁，性成熟是6.5～7.5岁，多在4月发情。一般于当年9月初在古树洞巢内产仔，每胎产1仔，偶尔也产2仔。刚出生的大熊猫幼崽只有25克，1个月左右的熊猫幼仔长出黑白相间的毛，体重约有1千克，但仍不能行走，眼不能感光。3个月的幼仔开始学走步，视力达到正常。6个月后的幼仔体重已达13千克左右，它可以跟着母亲，学吃竹子，还要吃些奶补充营养，同时开始学习野外生存的本领。满1岁时幼仔已长到40千克左右，到一岁半时体重可达50千克以上，这时大熊猫幼仔才开始独自生活。野外大熊猫雌、雄性别比约为1：1。

大熊猫的食物

大熊猫的食谱非常特殊，几乎包括了在高山地区可以找到的各种竹子，也偶尔食肉（通常是动物的尸体），日食量很大，每天还到泉水或溪流饮水。大熊猫独特的食物特性使它被当地人称作"竹熊"。竹子缺乏营

陆地任驰骋

养，只能提供生存所需的基本营养，大熊猫逐步进化出了适应这一食谱的特性。

在野外，除了睡眠或短距离活动，大熊猫每天取食的时间长达14个小时。一只大熊猫每天进食12～38千克食物，接近其体重的40%。它们喜欢吃竹子最有营养、含纤维素最少的部分，即嫩茎，嫩芽和竹笋。大熊猫栖息地通常有至少两种竹子。当一种竹子开花死亡时（竹子每30～120年会周期性地开花死亡），大熊猫可以转而取食其他的竹子。但是，栖息地破碎化的持续状况增加了栖息地内只有一种竹子的可能，当这种竹子死亡时，这一地区的大熊猫便面临饥饿的威胁。

 知识广播

大熊猫是吃素的"肉食动物"

大熊猫的祖先是名副其实的肉食动物。有尖锐发达的犬齿、较短的肠道和肉食动物的消化生理特点，大熊猫在进化过程中仍保留了祖先的这些特点。只是由于生存环境发生了很大改变，渐渐地，它们退居深山竹林，适应了低营养、低消化率的竹类，过着与世无争的隐士生活。于是，现代的大熊猫就变成了吃素的"肉食动物"。

大熊猫的繁殖特点

大熊猫在几百万年间由盛而衰，以至濒临绝灭境地。究其原因，除了外界环境的恶化以外，也有自身生育繁殖能力方面的问题。据有关专家对大熊猫所作解剖学、组织学、生理学和内分泌学等方面的长期研究表明，大熊猫生殖机能异常低下。由于遗传和环境的原因，许多大熊猫的生殖系统严重发育不良，成年

◆成都大熊猫繁育

动物惊奇

后生殖内分泌机能紊乱,不能排卵或不能正常排卵,以至终生不育。大熊猫喜独居,发情后才愿意进行异性间的接触。雌性大熊猫每年只发情一次,且其择偶性极强,非见"白马王子"不抛"绣球"。在野外,雄性往往必须通过残酷的斗殴竞争,最后的胜利者才能获得雌性的青睐。如果一个小种群内缺乏足够优良的雄性,显然就会大大降低雌雄正常交配的机会,并降低交配后的受孕率。大熊猫产仔多数为单胎,即使产下双胎也往往只能抚养其中一只。大熊猫幼仔非常脆弱,很容易因缺乏营养、患病、气候恶劣或遭遇天敌而夭折。

 讲解——大熊猫物种历史

化石显示,大熊猫祖先出现在200万~300万年前。距今几十万年前是大熊猫的极盛时期,它属于剑齿象古生物群,大熊猫的栖息地曾覆盖了中国东部和南部的大部分地区,北达北京,南至缅甸南部和越南北部。化石通常在海拔500~700米的温带或亚热带森林发现。后来同期的动物相继灭绝,大熊猫却孑遗至今,并保持原有的古老特征,所以,有很多科学价值,因而被誉为"活化石",中国把它誉为"国宝"。

> 大熊猫在国家的重点保护等级为:一级;中国濒危动物红皮书等级:濒危。

大熊猫的祖先是始熊猫,这是一种由拟熊类演变而成的以食肉为主的最早的熊猫。熊猫主要在中国的中部和南部继续演化,其中一种在距今约300万年的更新世初期出现,体型比现在熊猫的小,从牙齿推断它已进化成为兼食竹类的杂食兽,此后这一物种向亚热带扩展,分布广泛。在这一过程中,大熊猫适应了亚热带竹林生活,体型逐渐增大,依赖竹子为生。在距今50万~70万年的更新世中、晚期是大熊猫的鼎盛时期。

大熊猫是濒危动物

迄今为止,在全世界200多个国家和地区几乎濒临绝迹的大熊猫,只有我国的四川、陕西、甘肃部分地区的深山老林中才能找到它们的身影。目前全世界的大熊猫总数仅1000只以下,而且数量在不断减少。导致大熊

陆地任驰骋

猫濒危的因素是：

1. 森林采伐：大熊猫栖息地每年的采伐面积达到至少1万公顷。其栖息地每年以大约2.5平方千米的速度在消失。

◆嬉戏的大熊猫

2. 捕捉过多：从20世纪50年代中期开始，从野外捕捉的熊猫已超过240只到国内外展出，其中又集中在宝兴110余只，平武60余只，致使这两个县种群结构被破坏，数量大幅度下降。根据大熊猫生命表分析，它们一个世代约需12年，种群增长很慢，如果大量捕捉，即使在保护得好的情况下，也需要几十年才能恢复。

3. 盗猎、走私大熊猫皮张标本还时有发生。

◆奥运熊猫宝宝

4. 大熊猫种群分布在25个以上岛状隔离的生境中。这些隔离的生境区大小为205平方千米（30~2384千米范围），其中大多数（67%）的面积少于350平方千米。这种种群的孤立和分割则是长期威胁其种群的重要因素，小群体的近交衰退现象将降低繁殖力、幼体成活率以及对疾病的抵抗能力。

5. 由于人类活动范围扩大，大熊猫被迫退缩于山顶，竹种十分单纯，一遇竹子开花，将无回旋余地，仅1975年岷山地区箭竹开花，死亡达138只以上；20世纪80年代邛崃山冷箭竹大面积开花，灾后发现大熊猫尸体108具，抢救无效死亡33只，共计死亡141只。

6. 在大熊猫栖息地存在未经政府允许的矿产开发、污染以及矿工的伐树和捕猎也是威胁之一。

7. 大熊猫一生才生几个后代，一般每两年才繁衍一次，一胎最多只生两只小熊猫而且雌熊猫没有精力全部养活它们。

领先一步学科学系列

动物惊奇

大熊猫以竹类为主食,从食性看似乎应该划入"草食动物"之列。然而以其消化道的解剖、生理特点以及物种进化的观点来分类,它们却是地地道道的肉食动物。在科学分类中,大熊猫属于哺乳动物纲、食肉动物目。

  链接:熊猫名字的由来

大熊猫的学名其实叫"猫熊",意即"像猫的熊",也就是"本质类似于熊,而外貌相似于猫"。严格地说,"熊猫"是错误的名词。这一"错案"是这么造成的:解放前,四川重庆北碚博物馆曾经展出猫熊标本,说明牌上按照英文模式自左往右横写着"猫熊"两字。可是,当时报刊的横标题习惯于自右向左认读,于是记者们便在报道中把"猫熊"误写为"熊猫"。"熊猫"一词经媒体广为传播,说惯了,也就很难纠正。于是,人们只得将错就错,称"猫熊"为"熊猫"。

其实,科学家定名大熊猫为"猫熊",是因为它的祖先跟熊的祖先相近,都属于食肉目。

大熊猫共有21对染色体,基因组大小与人类相似,约为30亿个碱基对,包含2万~3万个基因。

陆地任驰骋

人类的近亲——猴

◆猴子趣态

"齐天大圣"孙悟空是一只猴子。猴是一个俗称，灵长目中很多动物我们都称之为猴。灵长目是哺乳纲的1目，动物界最高等的类群，大脑发达；眼眶朝向前方，眶间距离窄；手和脚的趾（指）分开，大拇指灵活，多数能与其他趾（指）对握。猴是灵长类动物，很多动作与人类动作相近，才智仅次于人和类人猿，它的脑结构也与人十分相似，它们是我们人类的近亲。

猴子的外形特征

◆金丝猴

灵长类的大多数头骨具有大的颅腔，呈球状，这是由于颌部变短，脸部变扁所致；眶后突，发育形成骨质眼环，或全封闭形成眼窝；多数种类鼻子短，其嗅觉次于视觉、触觉和听觉，某些低等种类在脑中具有高度发达的嗅觉中枢，并在很大程度上靠嗅觉行动。某些狐猴有较长的鼻部。金丝猴属和豚尾叶猴属的鼻骨退化，形成上仰的鼻孔。长鼻猴属的鼻子大又长。这些特殊的类型是因肌肉或软骨发育而形成的。脚的拇趾和其他趾能对握，使得手和脚成为抓握器官。原猴类的5指只能同时屈伸，不能个别运用。掌面裸出，有指纹、趾纹，纹

动物惊奇

◆长鼻猴

路形态不一。具有非常软或宽的足垫。多数种类的指和趾端均具扁甲。一般前后肢长差不多,唯长臂猿科和猩猩科的前肢比后肢长得多。猿类和人无尾,在有尾的种类中,其尾长差异很大,从只有一个突起到超过身体长。卷尾猴科大部分种类的尾巴具抓握功能,有"第五肢"之称。一些猴(如狒狒)的脸部、臀部或胸部皮肤具鲜艳色彩,在繁殖期尤其显著。臀部有粗硬皮肤组成的硬块,称为臀胼胝。

体被毛,有的柔软细密,有的粗硬,或在局部很长,或在毛上具异色环节。有的头顶毛很长,形成丛状毛冠,或很短,呈平顶,或秃顶无毛。有的在两颊或颌下具长毛,形如胡须。有的两肩、后背、臀部被以长毛。有的体毛非常艳丽。

猴子生活习性

绝大多数灵长类动物营不同形式的树栖或半树栖生活,只有环尾狐猴、狒狒和叟猴地栖或在多岩石地区生活。通常以小家族群活动,也集大群活动。多数能直立行走,但时间不长。多在白天活动,夜间活动的有指猴、一些大狐猴、夜猴等。大倭狐猴和倭狐猴在干热季节夏眠数日至数周。

猴子大多为杂食性,吃植物性或动物性食物。选择食物和取食方法各异,如指猴善于抠食树洞或石隙中的昆虫。猩猩的食量很大,几乎把绝大部分的活动时间用以觅食。疣猴科胃的构造特殊,大部分种类吃粗纤维多的植物性食物。

野生的猴多喜欢群居生活,由一只体大力强的公猴担任"猴王",统率着全群,其他公猴当"卫士",保卫母猴和仔猴。如狒狒在寻找食物和饮水时,都是集体行动,并由最强壮和最勇敢的雄猴组成"先锋队"在前

陆地任驰骋

头开路。如遇到狮子或其他敌害,"先锋队"就冲上去搏斗,周围树上的狒狒则一起大声喊叫壮威助战。峨眉山的猴还会"拦路打劫",使游客哭笑不得。

猴子主要特点

猴子和人一样,同属于动物学中的"灵长目"。1. 四肢长并有明确分工,关节灵活而运用自如,拇指可与其他四指对握,双手具有一定的操作功能;2. 具有辨别色彩的能力;3. 双目和人类相似,长在头部前方,具有"双视"功能,能准确判断距离;4. 脑腔很大,大脑发达,智力较高。

 广角镜——猴子的种类及分布

若从进化程度讲,猴可分为低、中、高三类。低等类有狐猴、指猴、婴猴、树熊猴、懒猴、跗猴等30余种;中等类如狝猴、节尾猴、卷尾猴和有颊囊、杂食、素食的各种猕猴等近150种;高等类又称"猿",包括长臂猿、合趾猿、巨猿(俗称大猩猩)等等15种。全世界猴子的种类约有200种,广泛分布于世界各地。从智力发育看,猿类具有更大的优势。若从体貌特征区分,有尾的叫"猴",无尾的称"猿"。

从地理位置分布的角度看,包括:

1. 亚洲:跗猴3种、懒猴3种、狝猴10余种、仰鼻猴4种、各种叶猴20种、长臂猿11种、猩猩1种,共50多种。

2. 非洲:婴猴5种、金熊猴和树熊猴各1种、狝猴1种、狒狒5种、山魈2

◆懒猴

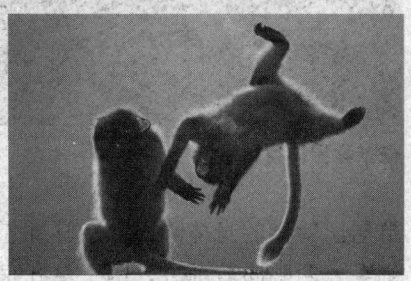
◆长尾叶猴

种、赤猴1种、长尾猴20种、白睑猴5种、沼泽猴1种、喀麦隆猴2种、疣猴7种、大猩猩1种、黑猩猩1种、倭黑猩猩1种，共56种。

3. 马达加斯加：指猴1种、狐猴10余种、倭狐猴3种、鼠狐猴3种、大狐猴4种及各种真狐猴、领狐猴、鼬狐猴、驯狐猴等共20余种。

4. 南美洲：小型猂10余种、倭猂1种、金狮3种、节尾猴1种、卷尾猴4种、夜猴1种、伶猴7种、松鼠猴5种、僧面猴2种、秃猴3种、丛尾猴3种、吼猴6种、蜘蛛猴5种、绒毛猴3种、绒毛蛛猴1种，共约80种。

知识窗

若从进化程度讲，猴可分为低、中、高三类。

低等类有狐猴、指猴、婴猴、树熊猴、懒猴、跗猴等30余种；

中等类如猂猴、节尾猴、卷尾猴和有颊囊、杂食、素食的各种猕猴等近150种；

高等类又称"猿"，包括长臂猿、合趾猿、巨猿（俗称大猩猩）等等15种。

我国的猴子

◆张家界的猕猴

在我国境内生长分布的猴类有猕猴、金丝猴、红面猴、毛面短尾猴、台湾猕猴、黑叶猴、白头叶猴等等；猿类有黑长臂猿、白眉、白掌、白狭长臂猿、褐猿（猩猩）等。

猕猴生活在亚洲和非洲的热带森林里，中国的四川、广东、广西、浙江等地也产猕猴。它们大多住在靠近河流的密林中，营树上生活，群居。猕猴的身体除面部、耳廓、手掌、足掌、臀部以外，都密生黄色的细毛，两眼向着前方，两个鼻孔很接近。猕猴的手和足都能握物，这是跟在树上攀援和跳跃的生活相适应的，下地后常用四肢行走，有时也能用后

陆地任驰骋

腿直立行走；它牙齿的形状和数目都和人相似，吃果实和种子，也吃鸟卵和昆虫，口腔两侧颊部各有一囊，吃进口腔的食物，如果一时来不及细嚼，就暂时贮藏在颊囊里，留待空闲时再细嚼咽下；猕猴的大脑很发达，记忆力和模仿性很强，马戏团常训练猕猴表演各种动作。

讲解——世界上猴子之最？

世界上最小的猴生活在厄瓜多尔、巴西和秘鲁地区，叫作"倭狨"。这种猴连尾巴在内也只有30厘米，而尾巴就占去了一半，它们吃苍蝇、蚊子、蜘蛛和飞蛾，所以也叫食虫猴。

世界上最大的猴是非洲的狒狒，身高90～100厘米，体重达50多千克。

世界上最珍贵的猴是中国的金丝猴，它青面蓝鼻，鼻孔朝天，肩被金光闪闪的毛发。

◆倭狨

自然界的猴子机智灵敏，顽皮滑稽，模仿能力极强，有着与人类极为相近的习性。猴子若经过训练，可帮人类从事许多简单的工作。因此，猴子得到了人类的关注、宠爱和保护。马来西亚驯养的猴可以摘椰子；英国人驯养的猴子可以骑着狗去放羊；日本的兽医让猴子当助手，帮助医生给动物开刀；美国人驯养猴子为四肢瘫痪的人当保姆。

「领先一步学科学」系列

161

动物惊奇

人的好坐骑——马

"骏马驰骋,志在千里"。马是草食性家畜,在4000年前被人类驯服。马在古代曾是农业生产、交通运输和军事等活动的主要动力。马是个性很强的动物,它的外表显得很温顺,很安静,但在马的内心深处那种强烈的竞争意识是其他动物所不及的,马在与同类的竞争中有着累死也不认输的性格。如果用拟人的手法表述马:它是最具贵族气质的生灵——宁静的内心、高贵潇洒的气质和勇于献身的精神!

◆马

马的起源和驯化

◆草原骏马

马属动物起源于6000万年前新生代第三纪初期,其最原始祖先为原蹄兽,体格矮小,四肢短而笨重,行走缓慢,四肢均有5趾,中趾较发达,常在森林或热带平原上活动,以植物为食。生活在5800万年前第三纪始新世初期的始新马,或称始祖马,体高约40厘米。前肢低,有4趾;后肢高,有3趾;牙齿简单,适于热带森林生活。进入中新世以后,干燥草原代替了湿润灌木林,马属动物的机能和结构随之发生明显变化:体格增大,四肢变长,成为单趾;

牙齿变硬且趋复杂。经过渐新马、中新马和上新马等进化阶段的演化，到第四纪更新世才呈现为单蹄的扬首高躯大马。

马的生物学特征

不同品种的马体格大小相差悬殊，重型品种体重达1200千克，体高200厘米；小型品种体重不到200千克，体高仅95厘米，所谓袖珍矮马仅高60厘米。毛色复杂，以骝、栗、青和黑色居多；体毛春季、秋季各脱换一次。汗腺发达，有利于调节体温，不畏严寒酷暑，容易适应新环境。胸廓深广，心肺发达，适于奔跑和强烈劳动。平均寿命30～35岁，最长可达60余岁。马的身体器官奇特，是颇有代表性的哺乳动物。

◆立马

马鼻：马的鼻腔分为呼吸区和嗅觉区。呼吸区位于鼻腔前部，能分泌黏液，防止灰尘、异物进入鼻腔。嗅觉区位于鼻腔后上方，那里有数十万嗅觉神经末梢，有感觉食物种类、区分水质好坏、识别道路等功能。

◆马的五官

马耳：马的耳朵经常摇动，是在表示它的喜怒哀乐。有经验的驯马人都知道，马耳垂直竖起时，表示"心情舒畅"；马耳前后摇动，表示"心中烦闷"；马头高扬，耳朵向两旁竖立，表示疲劳；耳朵不停地摇摆，表示恐惧……故有李白诗"犹如东风射马耳"。

马齿：公马共有20颗牙齿，包括6个门齿、2个犬齿、12个臼齿。而母马无犬齿，只有18颗牙齿。马的门齿随着年龄的增长而增长，故有"马

动物惊奇

全世界马的品种约有200多个，中国有30多个。主要可分为小型地方品种、乘用型、快步型、重挽型、挽乘兼用型。

齿徒增"的成语。

马脸：马的脸平直狭长，嘴巴很容易触到地面，便于吃草。

马眼：两眼距离大，视野重叠部分仅有30%，因而对距离判断力差。两眼可视面达330°～360°。眼底视网膜外层有一层照膜，感光力强，在夜间也能看到周围的物体。

马蹄：马属奇蹄目，每肢长有三趾。蹄质坚硬，能在坚硬地面上迅速奔驰。

马腿：马的胸骨粗壮，四肢修长，腿部肌肉发达。马奔跑最快时速可达60千米，可连续奔跑100千米，具有名副其实的"马力"。

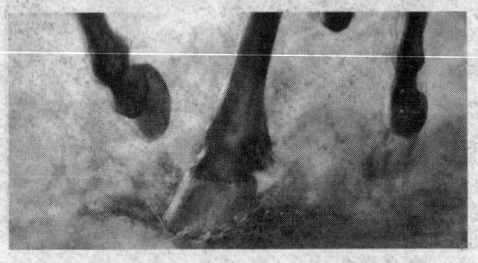

◆马蹄

马尾：马长着一条长尾，末端丛生着粗壮的毛。奔跑时，马尾竖起，使身体保持平衡。马尾巴还能驱赶身上的苍蝇及蚊、虻的叮咬。

万花筒

家马是由野马驯化而来的，家马的驯化晚于狗和牛。中国是最早开始驯化马匹的国家之一，从黄河下游的山东以及江苏等地的大汶口文化时期及仰韶文化时期遗址的遗物中，都证明距今6000年左右时几个野马变种已被驯化为家畜。

马的生活习性

马的嗅觉：马的嗅觉很发达，是信息感知能力非常强的器官，这使它能在听觉或其他感知器官没有察觉的情况下很容易接收外来的各种信息，并能迅速地作出反应。发达的嗅觉与灵敏的听觉以及快速而敏捷的动作完

陆地任驰骋

美结合。

马识别外界事物主要靠的是嗅觉：马的嗅觉非常敏锐，它凭借嗅觉来判断自己的环境和所接触的事物，并能根据判断作出相应的行为。

马依靠嗅觉适应环境：群牧马或野生马依靠嗅觉辨别大气中

◆奔驰着的群牧马

◆睡觉的马

微量的水汽，借以寻觅几里以外的水源和草地。马能靠嗅觉鉴别污水或有害的饲草饲料；马能利用嗅觉去摄食体内短缺的营养物质，并能在草原上辨别有毒植物或牧草，马很少误食毒草。

马的味觉：马主要由味觉来决定食入的速度和多少。因此，味觉是马匹很重要的感知器官。

马的听觉：马的听觉是非常发达的，是信息感知能力很强的器官，这是在长期进化过程中形成的。因为马在自然界中生存的关键问题就是躲避猎食动物的袭击，而马躲避猎食动物袭击的本领就是逃跑和有限的反击。

马的睡觉方式：马睡觉不一定非在晚上，更不是一觉睡到大天亮。要是没人打搅它，它可以随时随地睡觉，站着、卧着、躺着都能睡觉。马一天能睡八九次，加起来差不多有6个小时。马站着睡觉继承了野马的生活习性。野马为了迅速而及时地逃避敌害，在夜间不敢高枕无忧地卧地而

"领先一步学科学"系列

165

动 物 惊 奇

睡。即使在白天，它也只好站着打盹，保持高度警惕，以防不测。家马虽然不像野马那样会遇到天敌和人为的伤害，但它们是由野马驯化而来的，因此野马站着睡觉的习性，至今仍被保留了下来。

 小书屋

马能根据嗅觉信息识别主人、性别、母仔、发情、同伴、路途、厩舍和饲料种类。马对嗅觉熟悉的事物容易接收。

马能够分辨主人呼叫它的名字，当然，不是它懂得名字的意义，而是说明它已经建立了对名字的声音反射。

马对人的态度好恶分明，它在同人的接触与合作中有着十分苛刻的条件。首先你必须能够驾驭它，仅有勇敢是不够的，还要有技艺，要向马展示你的智慧，然后才是你的抚爱和关心。如果你赢得了与马的合作，马会对你产生深深的眷恋。

 轶闻趣事——伯乐与千里马的故事

一次，伯乐受楚王委托，购买能日行千里的骏马。他跑了好几个国家，辛苦倍至，还是没发现中意的良马。一天，在路上，伯乐看到一匹马拉着盐车，很吃力地在陡坡上行进，马累得呼呼喘气，每迈一步都十分艰难。伯乐不由地走到跟前，马见伯乐走近，突然昂起头来瞪大眼睛，大声嘶鸣，伯乐立即从声音中判断出，这是一匹难得的骏马。

伯乐买下这匹马，直奔楚国。楚王一见伯乐牵的马瘦得不成样子，认为伯乐愚弄他，有点不高兴，说："我相信你会看马，才让你买马，可你买的是什么马呀，连走路都很困难，能上战场吗？"伯乐说："这确实是匹千里马，不过拉了一段时间的车，又喂养不精心，所以看起来很瘦。只要精心喂养，不出半个月，一定会恢复体力。"

楚王一听，有点将信将疑，便命马夫尽心尽力把马喂好，不多久，果然马变得精壮神骏。楚王跨马扬鞭，但觉两耳生风，喘息的功夫，已跑出百里之外。后来千里马为楚王驰骋沙场，立下不少功劳。因此楚王对伯乐更加敬重了。

陆地任驰骋

吃草的劳作者——牛

牛，为牛亚科下的一个族。一般是指脊索动物门、脊椎动物亚门、有颌超纲、哺乳纲、真兽亚纲、偶蹄目，通常是牛属，有时候也可以指水牛属等其他的属。牛具多种用途：肉和乳可供食用，皮属工业原料；牛还可提供役力和为农业生产提供帮助等。

◆牛

牛的起源与驯化

根据出土的牛颅骨化石和古代遗留的壁画等资料，可以证明普通牛起源于原牛，在新石器时代开始驯化。原牛的遗骸在西亚、北非和欧洲大陆均有发现。多数学者认为，普通牛最初驯化的地点在中亚，以后扩展到欧洲、中国和亚洲。亚洲是野牛原种的栖息地，迄今仍有许多野牛在原地生活于野生状态中，

◆野牛在救它的孩子

而在欧洲和北美则除动物园和保护区尚存少数外，野牛已绝迹。

驯化了的普通牛，在外形、生物学特性和生产性能等方面都发生了很大变化。野牛体躯高大（体高1.8～2.1米）、性情粗野，毛色单一，多为黑色或白色，乳房小、产乳量低，仅够牛犊食用。经驯化后的牛体型比野

 动物惊奇

牛的小（体高在1.7米以下），性情温驯，毛色多样，乳房变大，产乳量和其他经济性能都大大提高。

 小书屋

中国黄牛的祖先原牛的化石材料也在南北许多地方发现，如大同博物馆陈列的原牛头骨，经鉴定已有7万年。安徽省博物馆保存的长约1米余的骨心，是在淮北地区更新世晚期地层中发掘到的。此外，在东北的榆树县也发掘到原牛的化石和万年前牛的野生种遗骨。

 知识广播

中国古书记载的"牛"，即现代的瘤牛，中国水牛。中国水牛起源于南方，这可能是由于更新世晚期亚洲北部受冰川侵袭，使原属热带性气候的黄河流域以北广大地区变得干燥寒冷，以致古代水牛等动物被迫向南方迁移的结果。中国牦牛系由野牦牛驯化而来，至今青海省的海北、海南高寒地区和藏北高原海拔4000～5000米高山峻岭之间，以及蒙古和俄罗斯的西伯利亚东北部仍有野牦牛分布。

牛的特征

◆水牛

体型特征：被毛从浅黄到棕红，以黄色居多，鼻与皮肤均为肉红色，部分有黑色斑点。多数牛具有三粉特征，即眼圈、口轮、腹下为粉白色；公牛角形多为"倒八字角"或"扁担角"，母牛角形以"龙门角"较多。公牛头短而宽，前躯发达，颈部短粗壮，肉垂明显，肩峰高大，胸深而宽，四肢粗壮，母牛颈部较长，背腰平直，四肢强僵，蹄多为琥珀色，尾细长呈纺锤形。

食性：牛脾气温和缓慢，不食油腻荤腥的东西，喜欢吃青草，还喜欢吃一些绿色植物，如水花生、红薯藤（苗）、玉米（苗）、水稻、小麦苗等。牛吃饱后会停止进食，几个小时内它会反刍，就是所谓的"倒嚼"。

消化生理特点：一昼夜约分泌唾液 50～60 升。牛的瘤胃不分泌消化液，但对已经分解的营养物质有很强的吸收作用。采食后咽下去的食物呈团状，每个食团约 100 克左右，其中稍重点的食团不经瘤胃直接进入网胃，一般的食团则先经瘤胃再入网胃。网胃将两方面来的食团，经过反刍，将有充分水分的重食团送到瓣胃、皱胃，而将轻食团重新送回瘤胃，再作进一步消化。瘤胃是饲料的贮藏库，里面有无数细菌和原生虫等微生物，能使饲料发酸，尤其能消化含粗纤维较多的饲料，提高利用率，是饲料被消化吸收的主要场所。

◆牛胃

万花筒

牛胃

牛有四个胃，即瘤胃、网胃、瓣胃和皱胃，这 4 个胃室并非连成一条直线，而是相互交错存在，其容积随年龄增长而发生变化。初生时，瘤胃和网胃发育还很差，只及皱胃的一半，以后瘤胃容积逐渐增大，到了 4 个月时已接近成年牛的大小。牛进食后，饲料按顺序流经这 4 个胃室，其中一部分在进入瓣胃前返回到口腔内再咀嚼。

讲解——牛的品种

牛属包括 4 个种：

1. 普通牛：分布较广，头数最多，如各种兼用牛、中国以役用为主的以及

◆牦牛新品种

日本的和牛等，与人类生活的关系最为密切。

2. 驼峰牛：耐热、抗蜱，是印度和非洲等热带地区特有的牛种。

3. 牦牛：毛长过膝，耐寒耐苦，适应高山地区空气稀薄的生态条件，是中国青藏高原的独特畜种，所产奶、肉、皮、毛，是当地牧民的重要生活资源。

4. 野牛：如美洲野牛、欧洲野牛等，可与牛属中的普通牛种杂交，产生杂交优势，并为培育新品种提供了有用基因。

牛品种的发展

驯化的牛，最初以役用为主。除少数发展中国家的黄牛仍以役用为主外，普通牛经过不断的选育和杂交改良，均已向专门化方向发展。如英国育成了许多肉用牛和肉、乳兼用品种；欧洲大陆国家则是大多数奶牛品种的主要产地。英国的兼用型短角牛传入美国后向乳用方向选育，又育成了体型有所改变的乳用短角牛。

◆隆林黄牛

陆地任驰骋

牛的文化内涵

牛是中国的12生肖之一，排名第二。牛在中国文化中是勤力的象征。古代就有利用牛拉动耕犁以整地的应用，后来人们知道牛的力气巨大，开始有各种不同的应用，在农耕、交通甚至军事中都有广泛运用。中国少数民族有慰问耕牛的习俗，称为"献牛王"。

◆耕牛

牛在西方文化中是财富与力量的象征，源于古埃及，依照《圣经·出埃及记》的记载，以色列人由于从埃及出奔不久，尚未摆脱从埃及耳濡目染的习俗，就利用黄金打造了金牛犊，当作耶和华上帝的形象来膜拜。

匈奴、蒙古等游牧民族，除了牧马之外，牧牛也相当常见。内蒙古草原盛产蒙古牛，西藏高原盛产牦牛。受游牧民族文化影响的汉人，会比江南更盛行牛肉、牛乳的食用。

牛在印度教中被视为神圣的动物，因为早期恒河流域的农耕十分仰赖牛的力气，牛粪也是很重要的肥料，牛代表了印度民族的生存与生机。

◆斗牛

动物惊奇

西班牙则是将牛当作冒险娱乐的对象，例如专业的斗牛与常民化的奔牛活动。利用牛对红色敏感的特性，借着红色激怒牛，然后由斗牛士与之决斗。

斗牛是西班牙的国粹，享誉世界，尽管从动物保护的观点上看人们对此存在争议，但是作为西班牙特有的古老传统还是保留到现在，并受到很多人的欢迎。斗牛季节是3～10月，斗牛季节里，每逢周四和周日各举行两场。如逢节日和国家庆典，则每天都可观赏。

陆地任驰骋

我产羊毛——羊

《喜羊羊与灰太狼》的故事大家都喜欢看吧,那么,你对真实的羊儿了解多少呢?羊又称为白羊,属于哺乳纲,牛科,是人类的家畜之一,有毛的四腿反刍动物,羊叫起来发出"咩咩"声,是一种草食动物,所以一般在水草肥美的大草原生存。羊有许多经济用途,例如羊乳(及其延伸产品,如奶酪)、羊毛、绵羊油和羊肉。在东方的纸传入之前,羊皮纸在西方一直扮演着重要角色。牧羊在一些国家占相当重要的经济地位。

◆绵羊

羊的来源与历史

◆山羊

羊是人们普遍熟悉的一种家畜,其饲养在我国已有5000余年的历史。家羊有两种:山羊和绵羊,这两种羊除了外貌不同之外,身体的构造大致相同。家羊是由野羊驯化而来的。世界上羊的驯化以亚洲西南部为最早。而且,山羊和绵羊这两种羊几乎是同一时期驯化的。在约旦的杰里科地区,早在公元前8500年已经驯养山羊了。

动物惊奇

◆羊群

山羊和绵羊的历史悠久,野羊被驯化为家羊,是在距今约四五千年的龙山文化的晚期,如地处黄河上游甘肃齐家文化各遗址中,就发现了大量的猪、狗、牛、羊等家畜的骨骼。到了商、周时期,养羊业已十分发达。据记载,仅仅因为发生了耳鸣这种微不足道的小事,一次就用了158只羊当作祭品,可见当时养羊的数量十分可观。

羊为六畜之一,早在母系氏族公社时期,生活在中国北方草原地区的原始居民就已开始选择水草丰茂的沿河沿湖地带牧羊狩猎。汉代许慎说:"美,甘也。从羊从大。羊在六畜主给膳。"明末清初屈大均套许慎的模式,在《广东新语》中说:"东南少羊而多鱼,边海之民有不知羊味者;西北多羊而少鱼,其民亦然。二者少而得兼,故字以'鱼'、'羊'为'鲜'。"

◆宠物羊

羊的生活习性

绵羊的生活习性

合群性强、饲料范围广:牧草、灌木和农副产品均可作为草料食用。

忍受艰苦的能力强:当夏秋牧草茂盛,营养丰富时,能在较短时间内迅速增膘,积蓄大量脂肪。而在冬春枯草季节营养缺乏时,再重新化成醣朊,供机体维持和繁殖生产之用,因

◆斗羊

此羊对饥饿的忍受能力较强。

性情温顺，喜干厌湿：绵羊性情温顺，胆小懦弱，突然的惊吓容易发生"炸群"而四处乱跑、乱挤，所以圈门不能太小，以免撞伤。绵羊应在干燥通风的地方采食和卧息，温热、湿冷的圈舍对绵羊生长发育不利，所以，应遮荫，防止暴晒。在夏季炎热的天气放牧，常常发生低头拥挤、呼吸急喘、驱赶不散的"扎窝子"现象，细毛羊较为明显。高温高湿的环境下不利于绵羊生存，容易感染各种疾病，生殖能力明显下降。

◆小羊羔

其他生活习性：在舍饲绵羊时，要有足够大的运动场。另外，绵羊有黎明或早晨交配的习性，研究表明：在繁殖季节，绵羊在中午、傍晚和夜间很少活动，在6：30～7：30期间交配比例最高，下午和黄昏时次之。因此，在采用人工输精时，为获得较高的受胎率，输精时间最好选择在早晨。

◆辽宁绒山羊

知识窗

三羊（阳）开泰：在古字中"羊"和"阳"是相通的。因此，三只羊画在一起，仰望太阳的图案就表示"三阳开泰"。在《辞源》中"羊"的注解通"阳"。三阳开泰含意：冬去春来，阴消阳长，万物新生之始。

吉羊如意："羊"在古代与"祥"相通，"祥"也可写作"吉羊"，表示吉祥之意，羊是"祥瑞"的象征。古人年初在门上悬羊头，交往中送羊，以羊作聘礼，都是取其吉祥之意。

山羊的生活习性

活泼好动，喜欢登高：山羊生性好动，大部分时间处于走动状态。特

动物惊奇

◆波尔山羊

别是羔羊的好动性表现得尤为突出，经常有前肢腾空、身体站立、跳跃嬉戏的动作。山羊有很强的登高和跳跃能力，因此，舍饲时应设置宽敞的运动场，圈舍和运动场的墙要有足够的高度。

采食性广，适应性强：山羊的觅食能力极强，能够利用大家畜和绵羊不能利用的牧草，对各种牧草、灌木枝叶、作物秸秆、农副产品及食品加工的副产品均可采食，其采食植物的种类多于其他家畜。

喜欢干燥，厌恶潮湿：在炎热、潮湿的环境下山羊易感染各种疾病，特别是肺炎和寄生虫病，但其对高温高湿环境适应性明显高于绵羊。

合群性好，喜好清洁：山羊的合群性较好，且喜好清洁，采食前先用鼻子嗅，凡是有异味、污染、沾有粪便或腐败的饲料，或已践踏过的草都不爱吃。在舍饲山羊时，饲草要放在草架上，减少饲草的浪费，并保持清洁。

性成熟早，繁殖力强：山羊的繁殖力强，主要表现在性成熟早、多胎和多产上。山羊一般在5～6月龄到达性成熟，6～8月龄即可初配，大多数品种羊可产羔2～3只。

小博士

羊文化

美德、乐事"羊"可见美：羊天生丽质，象征纯洁珍贵。"美"字起源另一说法是源于古人劳动或喜庆时，头戴羊角载歌载舞之人。

"善"在古人的观念里，羊是美善的象征。

"群"合群，是羊的一个重要特性，"羊性好群"由此产生"群众"，体现了中华民族注重群体的特征。

"孝"羔羊似乎懂得母亲的艰辛与不易，所以吃奶时是跪着的。羔羊的跪乳被人们赋予了"至孝"和"知礼"的意义。

陆地任驰骋

羊的营养价值

羊全身是宝,其毛皮可制成多种毛织品和皮革制品,《饮膳正要》中说,羊头可治骨痨、脑热、头眩;羊心可治膈气,羊肝可治肝气虚热;羊血可治妇女中风、血虚;羊肾可补肾虚、益精髓;羊骨可治虚劳;羊髓可治阴气不足、利血脉、益经气;羊酪可治消渴,补虚乏。独羊脑不可多食。可见在医疗保健方面,羊更能发挥其独特的作用,羊肉、羊血、羊骨、羊肝、羊奶、羊胆等都可用于多种疾病的治疗,具有较高的药用价值。

◆羊肉火锅

 小贴士——羊的营养价值

羊肉:羊肉营养丰富,历来被用做壮阳的佳品。它富含优质蛋白质12.3%,脂肪28.8%,为猪肉的一半。还含矿物质磷、铁以及维生素B、维生素A等营养素。祖国医学认为其性味甘温,入脾肾经,有益补气补虚、温中暖下之功效,因而可用于虚痨羸瘦、腰膝酸痛、产后虚冷、腹痛、寒疝、中虚反胃等病症的治疗,有"三高"症的人应注意不可多食。

羊血:羊血含蛋白质16.4%,主要为血红蛋白,其次为血清蛋白、血清球蛋白和少量纤维蛋白。性味咸平,有止血、祛淤之功效,可用于吐血、肠风痔血、妇女崩漏、产后出血晕、外伤出血、跌打损伤等症的治疗。

羊肝:羊肝含有丰富的蛋白质、脂肪、糖类、维生素B、维生素C、钙、磷等成分。其中维生素A的含量较高。羊肝性味甘凉,入肝经,有益血、补肝、名目之功效。羊肝若与菟丝子、车前、枸杞子、决明子等19味中药配合,即为名方"羊肝丸",可治青光眼。

羊奶:据营养学专家介绍,羊奶在国际营养学界被称为"奶中之王",羊奶的脂肪颗粒体积为牛奶的三分之一,更利于人体吸收,并且长期饮用羊奶不会引起发胖。专家建议患有过敏症、胃肠疾病、支气管炎症或身体虚弱的人群以及婴

"领先一步学科学"系列

动物惊奇

儿更适宜饮用。

羊骨：羊骨中含有磷酸钙、碳酸钙、骨胶原等成分。其性味甘温，有补肾、强筋的作用。可用于血小板减少性子癜、再生不良性贫血、筋骨疼痛、腰软乏力、白浊、淋痛、久泻、久痢等病症。

羊肾：羊肾能补肾助阳、生精益脑，适用于治疗肾虚、腰膝酸痛、遗精阳痿、小儿智力迟钝、遗尿、老年人尿频等。羊肾和枸杞子、党参、肉苁蓉一同煮吃，效果更明显。

羊胆：羊胆性味苦寒，入肝胆胃经，有清火、明目、解毒之功效。可用于风热目赤、胆囊炎、百日咳、青盲、翳障、肺痨吐血、喉头红肿、黄疸、便秘、热毒疮疡等病症的治疗。

羊角：羊角有镇静、安心、明目、平肝、益气的功效，适用于头晕目眩、惊风癫痫、高热神昏、头痛目赤、惊悸抽搐及高血压等症。

羊肚（羊胃）：味甘、性温。补虚弱、益脾胃。适宜于形体瘦弱、脾胃虚寒者。

陆地任驰骋

驯化的野猪——猪

"天蓬元帅"猪八戒大家很熟悉吧。猪（pig），是杂食类哺乳动物。身体肥壮，四肢短小，耳较大，鼻子和嘴较长，性情温驯，适应力强，易饲养，繁殖快，肉可食用，皮可制革，有黑、白、酱红或黑白花等色。猪是五畜之一，在十二生肖里猪列末位，称之为亥。我国有很多关于猪的典故和习俗。

◆白色的猪

肥猪简介

猪是一种家养的、肥胖的、用以食用的动物，小时候很可爱，长大很恐怖，大鼻子，大耳朵，吃得多，长得快。猪好像总是被人以为很笨，这可是误解，事实上猪是一种很聪明的动物，看似憨厚，其实很有点小脾气呦。现在已经出现了专职作宠物的小猪猪了，实在很可爱。由于猪的形态与动作很笨拙，所以人们用猪来形容笨拙的人。但是，有人对猪的生活习性经过长时间的观察与研究之后，证明猪是一种善良、温顺、聪明的动物。经过专门训练的猪，有的会跳舞、打鼓、游泳；有的会

◆宠物猪

动物惊奇

直立推小车；有些比较机灵的猪还可以当"猪犬"使用；有的猪甚至还能用鼻子闻出埋在土里的地雷。猪还能像狗一样担任警卫工作。

猪的生活行为

一、采食行为：猪的采食行为包括摄食与饮水，并具有各种年龄特征。

猪生来就具有拱土的遗传特性，拱土觅食是猪采食行为的一个突出特征。猪鼻子是高度发达的器官，在拱土觅食时，嗅觉起着决定性的作用。

二、排泄行为：猪不在吃睡的地方排粪尿，这是祖先遗留下来的本性，因为野猪不在窝边拉屎撒尿，以避免敌兽发现。

三、群居行为：猪的群体行为是指猪群中个体之间发生的各种交互作用。结对是一种突出的交往活动，猪群体表现出更多的身体接触和叫声的信息传递。

四、争斗行为：争斗行为包括进攻、防御、躲避和守势的活动。

五、求偶行为：母猪在发情期，会有特异的求偶表现，公猪、母猪都表现一些交配前的行为。

六、母性行为：母性行为包括分娩前后母猪的一系列行为，如絮窝、哺乳及其他抚育仔猪的活动等。

◆猪在游泳

陆地任驰骋

七、活动与睡眠：猪的行为有明显的昼夜节律，活动大部分在白昼，在温暖季节和夏天。夜间也有活动和采食，遇上阴冷天气，活动时间缩短。

八、探究行为：探究行为包括探查活动和体验行为。猪对新环境中的许多事物，有好奇、亲近的反应。

  小书屋

　　猪又名"乌金"、"黑面郎"及"黑老爷"。《朝野佥载》说，唐代洪州人养猪致富，称猪为"乌金"。
　　唐代《云仙杂记》引《承平旧纂》："黑面郎，谓猪也。"在华夏的土地上，早在母系氏族公社时期，就已开始饲养猪、狗等家畜。浙江余姚河姆渡新石器文化遗址出土的陶猪，其图形与现在的家猪形体十分相似，说明当时对猪的驯化已具雏形。

  知识窗

　　仔猪对小环境中的一切事物都很"好奇"，对同窝仔猪表示亲近。探究行为在仔猪中表现明显，仔猪出生后 2 分钟左右即能站立，开始搜寻母猪的乳头，用鼻子拱掘是探查的主要方法。仔猪探究行为的另一明显特点是，用鼻拱、口咬周围环境中所有新的东西。

猪生肖由来

　　猪靠自己的努力当上了生肖，在天宫排生肖那天，玉帝规定了必须在某个时辰到达天宫，取首先到达的十二种动物为生肖，猪自知体笨行走慢，便半夜起床赶去排队当生肖。由于路途遥远，障碍也多，猪拼死拼活才爬到南天门，但排生肖的时辰已过，猪苦苦央求，其他六畜也为之求情，最后终于感动了天神，把猪放进南天门，当上了最后一名生肖。这样，马、牛、羊、鸡、狗、猪"六畜"都成为人间的生肖。

"领先一步学科学"系列

动物惊奇

猪的主要种类

◆长白猪

大白猪又叫做"大约克夏猪"。原产于英国,特称为"英国大白猪"。

约克夏猪是猪的一个著名品种。原产于英国约克郡,由当地猪与中国猪等杂交育成。全身白色,耳向前挺立。有大、中、小三种,分别称为"大白猪"、"中白猪"和"小白猪"。大白猪属腌肉型,为全世界分布最广的猪种。小白猪早熟易肥,属脂肪型。中白猪体型介于两者之间,属肉用型。中国饲养大白猪较多。

长白猪是"兰德瑞斯(Landrace)猪"在中国的通称,著名腌肉型猪品种,原产于丹麦,由当地猪与大白猪杂交育成,全身白色。躯体特长,呈流线型。生长快,饲料利用率高,皮薄、瘦肉多。每胎产仔11~12头。成年公猪体重400~500千克,母猪300千克左右。要求有较好的饲养管理条件。它遍布世界各国。

汉普夏猪是著名肉用型猪品种。19世纪初期由英国汉普夏郡输往美国

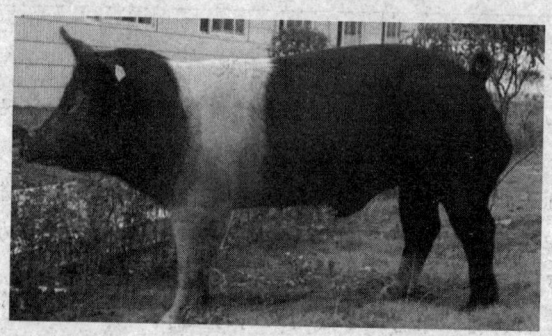

◆汉普夏猪

◆波中猪

后，在肯塔基经杂交选育而成。毛色黑，肩颈接合部和前肢白色，鼻面稍长而直，体躯较长，肌肉发达。成年公猪体重315～410千克，母猪250～340千克。早熟，繁殖力中等，平均每胎产仔8～10头。母性强，品质高，瘦肉比例大。

波中猪为猪的著名品种。原产于美国，由中国猪、俄国猪、英国猪等杂交而成。原属脂肪型，已培育为肉用型。全身黑色，鼻面直，耳半下垂。体型大，成年公猪体重390～450千克，母猪300～400千克。早熟易肥，品质优良；但繁殖力较弱，每胎产仔8头左右。

 小贴士——猪的药用价值

猪肉：有滋阴、润燥功效；可治热病伤津，消渴瘦弱，燥咳，便秘等症。

猪心：有辅虚益血、镇静安神功效；可用治心血虚损，惊悸，失眠，自汗等症。

猪肝：有补肝养血、明目的功效；可用治血虚萎黄，浮肿，视弱，夜盲等症。

猪肚：有补虚损、健脾胃功效；可用治虚劳瘦弱，消渴，泄泻，小儿疳积，尿频等症。

猪肠：有补虚润燥、止渴、止血功效；可用治虚弱口渴，脱肛，痔疮，便血等症。

猪肾：有补肾、止遗、止汗、利水功效；可用治肾虚耳聋，腰痛，遗精，盗

动物惊奇

汗,身面浮肿等症。

猪肺:有补虚、止咳、止血功效;可用治肺虚咳嗽,久咳咯血等症。

猪骨:有治疗下痢、疮癣功效。

猪脑:味甘,性寒,有治疗头风眩晕,偏正头痛,以及神衰等症。

猪蹄:有补血、通乳、祛疮功效;可用治产后奶少,痈疽疮疡等症。

猪髓:有补阴益髓功效;可用治劳热骨蒸,消渴,疮疡等。

猪油:有补虚、润燥功效;可用治燥咳少痰,肤燥皲裂,肠燥便秘等症。

猪皮:有滋阴利咽功效;可用治阴虚发热,咽喉痛以及泻痢等症。

陆地任驰骋

老虎的弟弟——猫

我们都知道猫喜欢捕捉老鼠，它们的捕鼠本领很高，所以被人称为"捕鼠夹子"。研究表明，猫不吃老鼠，夜视能力就会有所下降，会逐渐丧失夜间活动的能力。现在，猫成为了全世界家庭中极为常见的宠物。

◆ "捕鼠夹子"——猫

猫的特征

视觉：由于猫眼的特殊构造，使它们能够在黑暗的环境里比人类更容易看清四周的东西，而它的这一特殊的功能是在出生大约3个月后才逐渐完善的。

嗅觉：猫发达的嗅觉对刺激它的食欲起着非常重要的作用。当猫生病时，嗅觉会受到影响，就很难激起它的食欲，甚至它还会拒绝使用有气味的脏便盆。

◆ 猫的眼睛

味觉：就味觉而言，猫咪则更喜欢动物性高蛋白质类食品，如鱼和肉类，而对于非动物性的食品或甜食它们就不那么钟爱了。

反应能力：猫异常敏捷的反应能力是由它们体内特殊的骨骼结构决定的，这使它们天生成为具有追捕和躲藏本领的肉食动物。尽管猫咪每天四分之三的时间都在睡觉，可它们还是能够在极短的时间里迅速地恢复足够

◆小猫

◆猫捉老鼠

◆爱睡觉的懒猫

的搏击力量。

捕猎：猫是天生的捕猎能手，甚至在不需捕食的情况下，它们依然会表现出这种天性捕捉飞虫、玩具等。如果你家中还养了鸟或其他小动物，一定要防止猫咪扑玩。

打扮：猫经常会花大量的时间梳妆自己，这对于猫咪自身有很多好处：

1. 舔到身上的唾液在蒸发时可以使身体降温，这样就弥补了皮肤汗腺的不足。

2. 皮毛是猫的防水外衣，舔可以刺激毛根腺的发育。

方便习惯：幼猫从它母亲那里学会了埋藏自己的粪便，这就是你的小猫咪很乐意使用便盆的原因。猫咪受粪便臭味的刺激便会将自己的粪便埋掉，而且即使在没有松软土质的情况下它也会这样做的。若是没有便盆，猫咪可能会到花盆、花坛或是沙子坑里排便，以便掩埋。所以你一定要注意把猫的便盆放在适宜的地方并保持干净。

行为习性：猫的部分魅力来自于它的骄傲和悠然的神态，但这种漫不经心的习性也使得猫咪在接受训练时能力不如狗。但是，仍然可以通过训练，培养猫咪养成良好习惯，改掉不良习性。训练猫咪改掉不良行为的最好方法是严厉地大声说"不"，而驱赶和揍打的结果只能令你失望——猫咪会躲藏起来，变得孤僻。此外，请你记住非常重要的一点：猫不是捣乱，只不过是在不适当的场合表现了它的自然习性。

叫声与身体语言：猫有很丰富的身体语言以表达它的情感，它们在高兴时会"喵喵"，并且用前爪抚弄你，这可能是它们在儿时吃母乳时，抚弄动作的潜意识反映。一些猫还有一种特殊的习惯：它会跳到你的膝盖上，用上述动作来博得你的欢心。

◆奔跑的猫

除了表示高兴，"喵喵"叫声也可能表明它哪儿有疼痛或不舒服；分娩时的母猫也会"喵喵"地叫，并且当猫病得很厉害时，它也会大声地"喵喵"叫。猫要是黏在人的脚下、身旁，用头蹭你的话是亲热的表现。如果猫把从嘴边分泌出来的一种气味蹭到你身上的话，就表示它想把你占为己有。要是猫的喉咙里发出叽里咕噜的声音，就表明它心情很好，还有要是猫像鸭子孵蛋一样，前脚往里弯的话，就表示它的安心和依赖。猫咪蹲坐时，若它的尾巴轻柔地摆来摆去，这表示它向你发出了玩耍的邀请；若尾巴抽来抽去则表示它生气了。

 小博士

十二生肖中为何没有"猫"这一属相？十二生肖的传说产生于夏，但没有确凿的证据。可以考证的是，至少在汉代，十二生肖已经固定下来了。在汉代以前，我国还没有真正意义上的家猫，无论是《礼记》中所说的山猫，还是《诗经》中"有熊有罴，有猫有虎"的豹猫，都是生活在野外的野生猫。

猫的性格

贪睡：猫一天中有14～15小时在睡眠中度过，有的猫甚至要睡20小时以上，所以猫就被称为"懒猫"。但是，你要仔细观察猫睡觉的样子就会发现，只要有点声响，猫的耳朵就会动，有人走近的话，它就会腾地一

动物惊奇

◆侧身撒娇的猫

下子起来了。猫本来是捕猎动物，为了能敏锐地感觉到外界的一切动静，它睡得不是很死。

任性：猫显得有些任性，我行我素。猫是喜欢单独行动的动物，不像狗那样，听从主人的命令，集体行动。因而它不将主人视为君主而唯命是从。有时候，你怎么叫它，它都当没听见。猫和主人并不是主从关系，把它们看成平等的朋友关系更好一些。也正是这种关系，才显得独具魅力。另一方面猫把主人看作父母，像小孩一样爱撒娇，它觉得寂寞时会爬上主人的膝盖，或者跳到摊开的报纸上坐着，尽显娇态。

爱干净：经常清理自己的毛，小猫在很多时候，爱舔身子，自我清洁。饭后它会用前爪擦擦胡子，小便后用舌头舔舔肛门，被人抱后用舌头舔舔毛。这是小猫在除去身上的异味和脏物呢。猫的舌头上有许多粗糙的小突起，这是除去脏污最合适不过的工具了。

 小贴士——猫的品种

猫科动物大约有35种，家猫主要是由非洲野猫进化而来的。猫科动物几乎生活在世界各地，从热带雨林到沙漠再到西伯利亚的冰天雪地，都是它们的家园。目前比较流行的猫的种类分法有四种：

1. 西方品种和外来品种（包括暹罗猫、东方猫等）：西方广泛流行产地分类法。
2. 纯种猫和杂种猫：按品种培育角度分类。
3. 家猫和野猫：按生活环境分类，

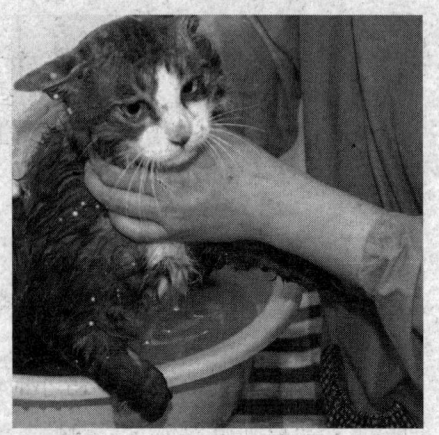

◆洗澡的猫

陆地任驰骋

不过，两者之间并无严格的界线。

4. 长毛猫和短毛猫：主要根据毛的长短来分类，例如，波斯猫、喜玛拉雅猫属长毛猫；泰国猫、俄国蓝猫属短毛猫。

狸花猫：中国是狸花猫的源产地，它属于自然猫，是在千百年中经过许多品种的自然淘汰而保留下来的品种。它非常受百姓们喜欢，因为它有漂亮、厚实的被毛，健康的身体，容易喂养，并且对捕捉老鼠十分在行。但是由于外地猫的不断引入，纯种的狸花猫已经很少见，所以不要以为所有虎斑猫都是狸花猫。

波斯猫（喜马拉雅猫）：波斯猫是最常见、最典型的品种，波斯猫实际上是以古波斯地区（今伊朗）的长毛猫和土耳其或亚美尼亚地区的安哥拉猫为基础，在英国经过100多年的选育繁殖，于1860年诞生的一个品种。波斯猫有一张讨人喜欢的娃娃脸，长而华丽的被毛，优雅的举止，因而身价很高。一只纯种的波斯猫可达上千美元，是世界上爱猫者最喜欢的猫种之一。

动 物 惊 奇

人类好朋友——狗

◆狗

你喜欢狗吗？你是不是很想养一只小狗呢？狗是十二生肖之一，通常指家犬，也称犬。狗是人类最早驯养的动物之一，在人类社会中扮演多重角色，已经成为人类的亲密伙伴，被称为"人类最忠实的朋友"，也是饲养率最高的宠物。

狗的起源

狗起源于狼，目前已经得到共识，但围绕着具体的发源地和时间却是众说纷纭。到目前为止，最早的狗化石证据是来自于德国1.4万年前的一个下颌骨化石，另外一个是来源于中东大约1.2万年前的一个小型犬科动物骨架化石，这些考古学证据支持狗是起源于西亚或欧洲，而另一方面，狗的骨骼学鉴定特征提示狗起源于狼，由此提出了狗的东亚起源说。此外，不同品种的狗在形态上极其丰富的多样性，似乎又倾向于狗起源于不同地理群体的狼的假说。所以仅靠考古学，很难提供狗起源的可靠线索。

◆狼狗

陆地任驰骋

狗的习性与行为

狗是一种食肉动物,在喂养时,需在饲料中配制较多的动物蛋白和脂肪,辅以素食成分,以保证狗的正常发育和健康的体魄。狗的消化道比食草动物要短,它的胃中盐酸的含量在家畜中居首位,加之肠壁厚,吸收能力强,所以适宜消化肉食食品。

狗喜欢啃咬,这是原生态时撕咬猎物所留下的习惯。我们在喂养时要不定期给它一些骨头,以利于磨牙用。

狗的排便中枢不够发达,不能在行进中排便,所以我们要给它一定的排便时间。

◆英俊小狗

炎热的夏季,狗大张着嘴巴,垂着长长的舌头,靠唾液中的水分蒸发来散热。

狗在群居时,也有"等级制度"和主从关系。建立这样一种秩序便可以保持群体的稳定,减少因为食物、生存空间的争夺而引起恶斗。

狗的嫉妒心非常强,当你把注意力放在新来的狗身上,忽略了对它的照顾时,它就会愤怒,不遵守已养成的生活习惯,变得暴躁和具有破坏性。

狗在卧下的时候,总是在周围转一转,看看周围有没有什么危险,确定无危险后,才会安心地睡觉。

狗对陌生人的行为准则是根据自己视线的高度来判断对手的强弱。陌生人一靠近,从上面下来的压迫感会使它不安;若采用低姿势,它便会接受你;如果比它眼睛看到的高度更低时,会使它更安心。

在记忆力方面,狗对于曾经和它亲密相处过的人,似乎永不会忘记他的声音,对自己住过的地方也能记得。

"领先一步学科学"系列

动物惊奇

讲解——解密狗尾巴的动作

狗尾巴的动作也是它的一种"语言"。虽然不同类型的狗,其尾巴的形状和大小各异,但是其尾巴的动作却表达了大致相似的意思。一般在兴奋或见到主人高兴时,就会摇头摆尾,尾巴不仅左右摇摆,还会不断旋动;尾巴翘起,表示喜悦;尾巴下垂,意味危险;尾巴不动,显示不安;尾巴夹起,说明害怕;迅速水平地摇动尾巴,象征着友好。狗尾巴的动作还与主人说话的音调有关。如果主人用亲切的声音对它说:"坏家伙!坏家伙!"它也会摇摆尾巴表示高兴;反之,如果主人用严厉的声音说:"好狗!好狗!"它仍然会夹起尾巴表现不愉快。这就是说,对于狗人们说话的声音仅是声源,是音响信号,而不是语言。

宠物狗的主要种类

人类与狗之间经常存在强烈的感情纽带,狗已经成为人类的宠物或无功利性质的同伴。人们乐于接受一个永远高兴看见他的好友,并且这个好友没有任何功利性要求。常见的宠物犬有:

博美犬: 博美犬是一种紧凑、短背、活跃的宠物狗。具有警惕的性格、聪明的表情、轻快的举止和好奇的天性。博美犬的步态骄傲、庄重而且活泼。它的气质和行动都是健康的。此犬是能刻苦耐劳,热心工作的犬种,是当今世界评价最高的品种之一。为

◆博美犬

了保持最佳形象出场展示,饲主应费神照顾。

巴哥犬: 巴哥犬是一种历史非常悠久的狗,与京巴犬和狮子狗同为我国最早培育的短鼻子狗种。

贵宾犬: 是非常敏捷、聪明而

> 现代的"巴哥"之名是英文"pug"音译而来的,pug在英文里是"拳头"的意思,得此名据说是因为巴哥犬的头很像捏紧的拳头。

优雅的狗,正方形结构、比例匀称,步伐有力而自信。需要按传统方式修剪和精心美容,使它具有与众不同的神态和特有的高贵姿态。目前,贵宾犬分两大类:标准贵宾犬首先是猎犬,其次是宠物犬,而迷你贵宾犬和玩具贵宾犬仅仅是宠物犬。两大类在外形上完全一致,但是大小不同。

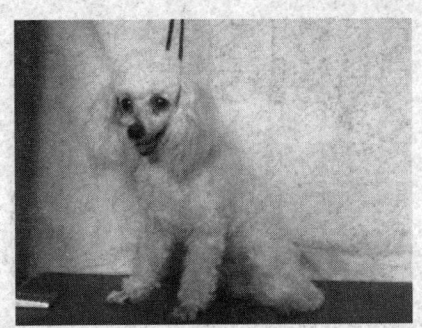

◆贵宾犬

京巴犬:又称北京犬,起源于中国,有个性,表现欲强,其形象酷似狮子,气质高贵、聪慧、机灵、勇敢、倔强,性情温顺可爱,对主人极有感情,对陌生人则置猜疑。

吉娃娃:最小型的狗,优雅,警惕,动作迅速,以匀称的体格和娇小的体型广受人们的喜爱。分为长毛种和短毛种。这种狗对其他狗不胆怯,对主人极有独占心。

◆吉娃娃

牧羊犬:专业从事放牧工作的犬,称之为"牧羊犬",这不是一个单独品种,"家族庞大,犬丁兴旺",其中包括德国牧羊犬、苏格兰牧羊犬、边境牧羊犬和比利时牧羊犬等。在过去千百年间,牧羊犬是负责牧羊、畜牧的犬种,是农场主不可多得的,也是必不可少的好助手。随着历史的发展,牧羊犬逐步受到各国皇室的喜爱,以

◆边境牧羊犬

至于上流阶层和普通民众都逐渐把它当成玩赏犬饲养。牧羊犬温驯、强壮、敏感而活跃,全身无累赘感,自然站立时身体挺拔而结实。此犬富有贵族气派,有"男人的智慧"和"女人的魅力"之誉称,易于训练。勇敢而富有责任心,是牧羊犬的最大的特色!

动物惊奇

◆金毛寻回犬

金毛寻回犬：也称金色猎犬或金毛狗。大型犬，体型匀称强壮，眼睛深陷，眼神友善聪慧。最佳眼色为深棕色，毛色散发出不同色调的金色光泽。特别喜欢近水，任何气候下都能在水中游泳寻回猎物，深受猎手的喜爱。经过多年的演变，它以外貌整洁，性格柔顺、友善、可靠、忠诚和恋人，对小孩有耐心以及聪明活泼等优良特点，逐步发展成广受欢迎的家庭犬，除了一身金黄色的披毛引人注目外，同时也因它们天生温驯的个性，令人对它爱不释手。

狗狗的特殊用途

工作用犬

看家护院：最主要的用途之一，可能仅次于作宠物。

照顾生活：狗可以被训练成照顾盲人行动的"导盲犬"。

捕猎畜牧：猎狗、牧羊犬。

交通畜力：在北极圈附近生活的爱斯基摩人或在中国东北有些人使用狗拉雪橇。

军警用途：军犬、警犬、海关缉毒犬、机场火药监测犬。

表演：大多马戏团都有。

救助：雪崩、地震等灾害发生后常有专门的救助犬首先进入危险地带寻找生存者。

◆导盲犬

陆地任驰骋

试验用犬

医药试验：在医疗、药品研究时，由于小白鼠的体重和人相差太大，所以经常需要用狗来做试验。

狗的独特之处

狗也有虚荣心，喜欢人们称赞表扬它。当它办一件好事，或做一些小技巧活动，你拍手赞美它，抚摸它，它就会像吃了一顿丰盛美餐那样心满意足。狗喜欢人甚于喜欢同类，狗对自己的主人有强烈的保护心。有的狗能从水中、失火的房子里或车子下救出孩子。狗还会帮助受难或受伤的狗友同伴。狗有独特的自我防御能力，吃进有毒食物后，能引起呕吐反应而把有毒食物吐出来。

◆会做家务的宠物狗

"领先一步学科学"系列

动物惊奇

嫦娥的伴侣——兔

神话故事里的嫦娥手中总是抱着一只玉兔，它全身雪白，非常干净漂亮。兔，俗称兔子，是哺乳类兔形目、草食性脊椎动物。头部略像鼠，长耳，耳朵很大，上嘴唇中间裂开，非常可爱，尾短而向上翘，后腿比前腿稍长，善于跳跃，跑得很快。有家养的和野生的，肉可以吃，毛可以纺线、做毛笔，毛皮可以制衣物。

◆兔子

兔子简介

◆可爱的兔子

兔是兔形目兔科动物，通称兔子；兔具有管状长耳朵；簇状短尾，后腿强健，比前肢稍长。兔可成群生活，但野兔一般独居。分布于欧洲、亚洲、非洲、南北美洲。陆栖，见于荒漠、荒漠化草原、干草原和森林。

兔性情温和，胆小，常常夜间才敢出来觅食。兔的繁殖能力极强，雌兔长到8个月大时就可

陆地任驰骋

以生小兔了，怀孕30天后可产小兔3～10只，一年可产数次，寿命10年。兔的经济价值非常大，既是美味的肉食来源，也提供优质的毛皮，还是医学及其他学科的实验动物。

讲解——兔子的种类

兔是兔形目兔科动物，共9属43种，分布于欧洲、亚洲、非洲、南北美洲。

兔科中的9属种类仅兔属终生在地面生活，其余8属均是穴兔类，后腿不太长，穴居；穴兔类幼兔出生时身上没有毛，闭眼，耳无听觉，7天后才长毛，睁眼时才有听觉，需要母兔照顾。家兔和野兔身体结构上并没有什么差异，主要区别在幼兔初生时的状况。其中穴兔属中的穴兔已驯化成家兔。

◆白兔

通常我们所说的兔子，一般都是指中国白兔，大多数人也认为兔子就是小白兔。其实兔子的品种有很多。从体型上分，可分为大型兔、中型兔和小型兔；大型兔的体重为3～7千克，中型兔的体重为2～3千克，小型兔的体重在2千克以下。另外，兔子根据耳朵来分，可以分为硬耳兔和软耳兔；根据被毛来分，还可以分为长毛兔和短毛兔。再细分下去可分为三大类，就是食用兔、毛用兔和宠物兔。其实，所有品种的兔子，只要你有兴趣和精力，都可以作为宠物来饲养。目前，国内宠物店销售的大部分是荷兰兔、荷兰垂耳兔、安哥拉兔和中国白兔等几个品种。

家兔的生活习性

家兔是常见的饲养小动物。它的祖先是分布在欧洲、非洲等地的野生穴兔，现在在世界各地均有饲养，有很多品种，比较优良的有比利时兔、

197

动物惊奇

◆北非地区的野生穴兔

◆家兔养殖

◆站立的兔子

细毛兔、安哥拉兔等。

家兔是由野兔经长期驯化而来的,虽然被人喂养的历史已很久,但尚承袭着其祖先的不少习性。它们胆子很小,性情温和。善于挖掘洞穴。以草本植物及树木的嫩枝、嫩叶等为食,还吃由它的盲肠富集了大量维生素和蛋白质、由胶膜裹着的软粪便,以充分利用其中比普通粪便中多4～5倍的维生素和蛋白质等营养物质。

夜行嗜眠性:迄今,家兔仍保留其祖先白天潜伏洞中(或暗处),夜间四处活动觅食的习性。故家兔在白天除喂食时间外,表现安静、闭目睡眠,而一到了晚上,则十分活跃,采食频繁。家兔在晚上所吃的草料和水,约占总量的75%。所以,在喂养日程中,晚上要给足草料和水,日间尽量保持环境安静。

胆小怕惊:家兔的听觉锐敏,嗅觉敏感,它们胆小怕惊而善跑,当有突然响动就会马上戒备或迅速逃跑。对突然的喧闹或嗅、视到陌生人、狗、猫、蛇、鼠等出现,都会惊慌不已,并发出响亮的嘭嘭(啪啪)跺脚(顿足)声、奔跑和撞笼,以求潜逃躲避敌害。所以兔舍要保持安静,避免生人或其敌害动物的进入。

啃硬物磨牙:家兔的门齿是终生生长的恒齿,必须啃咬硬物借以磨

短，才能避免过长，保持长短适中。为此，要定时向笼舍中投放一些可啃的硬物如竹子、树枝之类，以满足需要。

厌湿喜干燥：家兔的抗病能力较差，在潮湿不洁的环境中，容易生病而致极大损失，尤以幼兔为甚。所以应遵循干燥清洁的管理原则，规划笼舍和环境应注意干燥清洁，并实施卫生防疫管理。另外，兔较为耐寒而不耐热，当气温超过30℃时，成年兔就减食或废食，母兔容易流产、减奶或不给仔兔喂奶等，还会引起疾病流行。故在夏季炎热期间，应注意防暑降温。

兔子的其他习性

打洞穴居是家兔沿袭其祖先的本能之作。其"居室"是个一穴多洞口的，故有"狡兔有三穴"。在野生条件下，打洞穴居，具有防避敌害、保护自身、繁衍后代等重要意义。

兔的群居性差，在群养时，不论公母或同性别之间的成年兔，经常发生互斗、咬打，特别是公兔或新组合的兔群，争斗咬伤很普遍，其格斗之烈犹如不共戴天。管理上要特别防范！

兔子的日常行为

1. 咕咕叫：咕咕的叫声代表兔子很不满意，生气中。

2. 尖叫声：兔子的尖叫，通常是代表害怕或者痛楚。

3. 磨牙声：如果大声磨牙代表兔子感到疼痛；如果轻轻磨牙代表兔子很满足很高兴。

4. 嘶嘶叫：嘶嘶的叫声是代表一种反击的警告，主要是告诉另一只兔子别过来的意思，否则它会进行攻击。

◆草丛中的兔子

动物惊奇

5. 绕圈转：成年兔可能出现绕圈转的行为。绕圈转是一种求爱的行为，有时候更会同时发出咕噜的叫声。绕圈转也代表想惹人注意或者要求食物。

> 兔子的眼睛视野宽阔，对自己周围的东西看得很清楚；不过，它不能辨别立体的东西，对近在眼前的东西也看不清楚。

6. 跳跃：当兔子感到非常高兴时，会出现原地跳跃，在半空微微反身的行为。它们跳跃时，就好像跳舞一样。

7. 脚尖站立：当兔子四肢用脚尖站起时，是警告的意思。当兔子生气的时候，也可能会用脚尖站起来，同样代表警告的意思。

8. 跺脚：当兔子感到害怕时，它们会用后腿跺脚。

9. 压低身子：当兔子尽量把身体压低，是代表它很紧张，觉得有危险接近，避免被敌害看到。

10. 蹲下来：蹲下来跟压低身子表现的是不同意思。蹲下来时，兔子的肌肉是放松的，是一种感到轻松的表现。

11. 轻咬：在兔子世界中的意思是"好了，我已经足够了"。

12. 舔手：在兔子的身体语言中，舔手是代表多谢。

13. 抽动尾巴：是一种调皮的表现，就如人类伸舌的动作。

14. 用下巴去擦东西：因为兔子下巴的位置是有香腺的，所以兔子会用下巴去擦东西，留下自己的气味，以划分地盘。

链接——兔子眼睛的颜色

兔身体里有一种叫色素的物质，兔子眼睛的颜色与它们的皮毛颜色有关系，含有灰色素的小兔，毛和眼睛就是灰色的；含黑色素的小兔，毛和眼睛是黑色的。小白兔身体里不含色素，眼睛是无色的。那为什么我们看到小白兔的眼睛是红色的呢？这是因为白兔眼睛里的血丝（毛细血管）反射了外界光线，透明的眼睛就显出红色，我们看到的红色是血液的颜色，并不是眼球的颜色，所以它的眼睛自然就是红色的了。